Introduction

to

Voluntary

Service

of

Ecological

Environment

生态环境志愿服务导论

魏智勇　韩艳丽 ——— 主编

中国环境出版集团·北京

图书在版编目（CIP）数据

生态环境志愿服务导论 / 魏智勇，韩艳丽主编. --
北京 ： 中国环境出版集团，2025. 5. -- ISBN 978-7
-5111-6247-2 (2025.10 重印)

Ⅰ．X321.2；D669.3

中国国家版本馆CIP数据核字第2025F964L3号

责任编辑　宾银平
装帧设计　彭　杉

出版发行　**中国环境出版集团**
　　　　　（100062 北京市东城区广渠门内大街16号）
　　　　　网　　址：http://www.cesp.com.cn
　　　　　电子邮箱：bjgl@cesp.com.cn
　　　　　联系电话：010-67112765（编辑管理部）
　　　　　　　　　　010-67113412（第二分社）
　　　　　发行热线：010-67125803
印　　刷　北京建宏印刷有限公司
经　　销　各地新华书店
版　　次　2025年5月第1版
印　　次　2025年10月第2次印刷
开　　本　787×1092　1/16
印　　张　15.25
字　　数　280千字
定　　价　98.00元

中国环境出版集团郑重承诺：
中国环境出版集团合作的印刷单位、材料单位均具有中国环境标识产品认证。

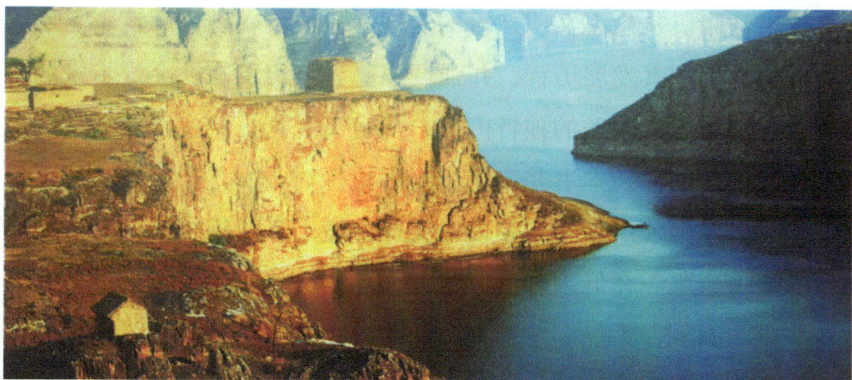

序言

生态环境志愿服务是构建现代环境治理体系的重要组成部分，也是推进美丽中国建设的有效路径。2025 年 1 月，生态环境部办公厅和中共中央社会工作部办公厅联合印发《"美丽中国，志愿有我"生态环境志愿服务实施方案（2025—2027 年）》，为进一步推动生态环境志愿服务工作高质量发展指明了方向。在此背景下，《生态环境志愿服务导论》的出版，恰逢其时。该书不仅系统梳理了生态环境志愿服务的理论与实践脉络，更为公众参与生态环境保护提供了指引，对于强化生态文明建设进程中公众参与路径具有重要参考价值。

中国秉持绿水青山就是金山银山的理念，将生态文明建设纳入国家发展总体布局，从"美丽中国"目标的提出，到"双碳"战略的推进，无不彰显着对可持续发展的坚定承诺。公众的广泛参与是实现环境治理和可持续发展的基础动力，志愿服务以其开放性、灵活性和良好的社会参与成效，成为连接政府、企业与公众的纽带。本书作者敏锐地捕捉到这一趋势，开展了系统研究，以志愿服务为切入点，构建了一套涵盖生态保护、环境治理与可持续发展的公众参与框架。

全书结构严谨，逻辑清晰。从生态文明建设的宏观背景出发，首先廓清了志愿服务的基本概念与精神内核，追溯其发展历程，并强调志愿者与组织在社会进步中的关键作用。随后，聚焦生态环境志愿服务的独特内涵，从定义、特征到实践范畴，层层剖析其功能与挑战。尤为可贵的是，本书并未止步于理论探讨，而是通过"品牌项目打造""能力建设""数字时代公众参与"等多个实操维度，深入解析如何提升志愿服务的效能。书中列举了志愿服务在低碳转型、教育倡导、文化氛围营造以及数字时代公众参与等方面多个成功案例，不仅丰富了本书的内容，更为读者提供了宝贵的可借鉴、可复制的经验与启示。

本书兼具学术性与实践性，其价值不仅在于理论创新，更在于其对社会现实的积极回应。当前，生态环境志愿服务虽蓬勃发展，但仍面临专业化不足、资源分散、可持续性弱等挑战，本书通过"能力建设""项目建设""组织建设""文化建设""阵地建设"等章节，提出整合社会资源、培育志愿文化的解决方案，为政府部门、社会组织及广大志愿者提供了切实可行的行动参考。相信无论是高校社团策划环保活动，还是社区与社会组织推动美丽家园建设，本书都有一定的参考价值。

在数字技术深刻改变社会的今天，本书还前瞻性地探讨了"互联网＋志愿服务"新模式。通过搭建线上平台、运用大数据分析需求、利用社交媒体扩大影响力，志愿服务可以突破时空限制，吸引更广泛的群体参与，这种创新实践正是书中理念的生动映照。

《生态环境志愿服务导论》的出版，凝聚了作者多年的研究成果与实践经验，也承载着对生态文明未来的深切期许。它既是一部理论扎实的学术成果，也是一本贴近生活的行动手册，将为政府部门、志愿服务组织、广大志愿者及热心民众参与生态环境志愿服务提供有力的理论支持和实践指导。期待本书能够激发更多人的环保意识，推动生态环境志愿服务更多地走向"大众行动"，让每一份微小力量汇聚成推动绿色变革的洪流。

祝真旭

2025 年 5 月 16 日

目录

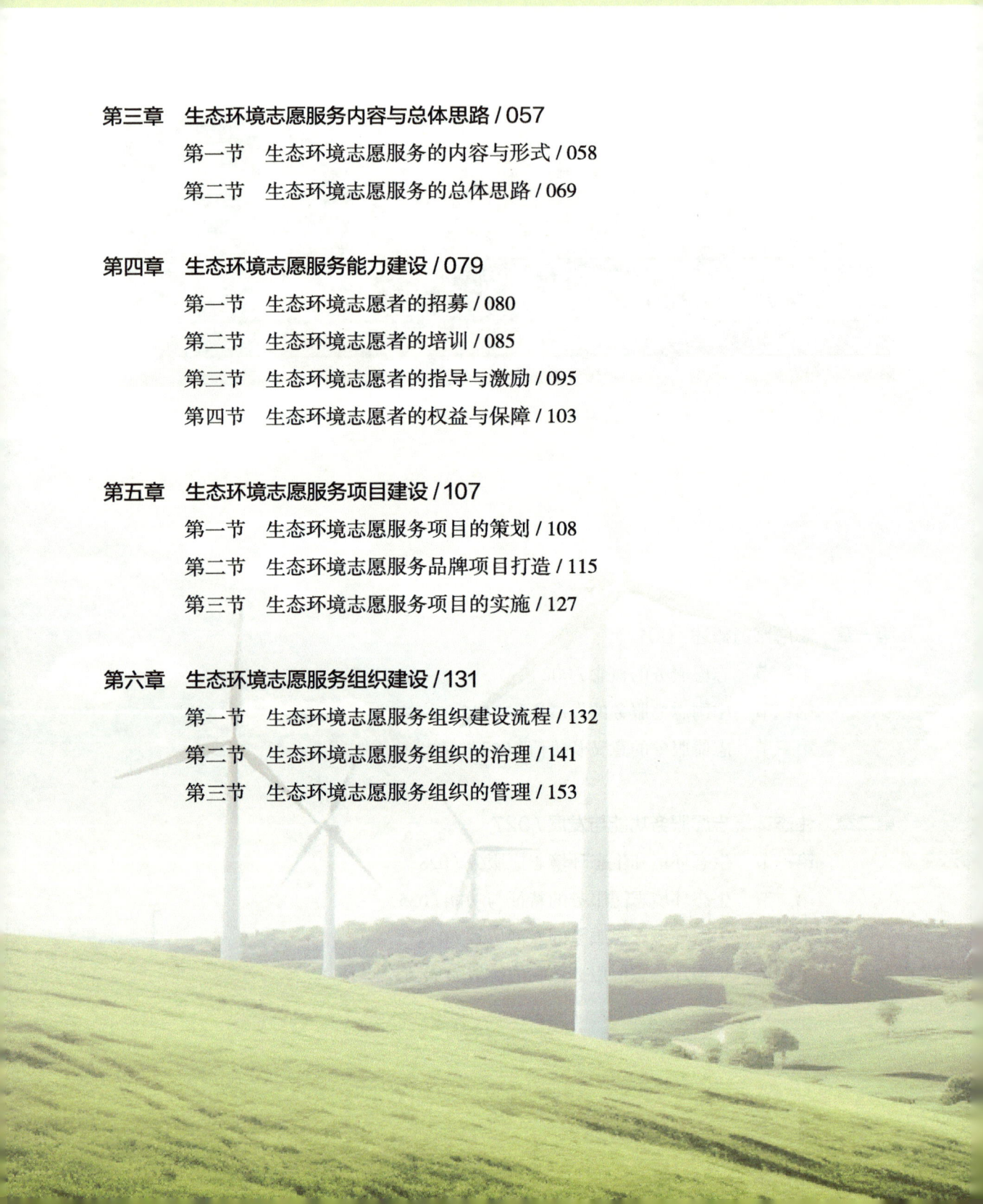

第一章

志愿服务概述

　　志愿服务是现代社会文明进步的重要标志，是加强精神文明建设、培育和践行社会主义核心价值观的重要内容。志愿服务以其独特的优势和价值，通过汇聚广大民众的爱心与力量，体现人与人之间的互助与关爱，彰显个人对社会的责任与担当，是实现中华民族伟大复兴中国梦的重要力量。

　　本章将从志愿服务的概念、中国志愿服务的发展历程、志愿服务的意义及价值三个方面进行系统论述，以期为生态环境志愿服务的深入开展奠定基础。

第一节	志愿服务的概念

　　志愿服务的基本要素主要包括志愿精神、志愿者、志愿服务、志愿服务相关纪念日以及志愿服务标识等五个方面，这些基本要素共同构成了志愿服务的基础，为全面推动现代社会的和谐与进步发挥重要作用。

一、志愿精神

（一）志愿精神的定义

　　志愿精神是人类文明进步的重要体现，是现代社会中一种积极向上的精神力量。志愿精神是志愿服务的内在动力和精神支柱，体现了人类对美好生活的向往和追求，是人类向善向美、奉献社会的崇高理想。志愿精神的多层次内涵及其对社会和个人的深远影响，都具有很强的启发性和感染力。

（二）志愿精神的体现

　　志愿精神的核心是"奉献、友爱、互助、进步"。它不仅体现在志愿者的具体行动中，还深刻蕴含于志愿者的思想、态度和价值观中，在社会中呈现出"有温度、有宽度、有深度、有广度"的效果。这种精神与中华民族的传统美德相契合，成为凝聚社会共识、促进社会和谐的重要纽带。

　　"奉献"强调并体现于付出，是志愿精神的核心。它主要指个体或群体在不求物质回报的前提下，自愿、无偿地参与社会服务，以推动人类发展、增进公共利益、帮助他人和改善环境为目标的内在动力和精神状态。"奉献"不仅有助于促进社会进步，还体现出对社会责任的履行和担当。

　　"友爱"强调并体现于态度，是志愿精神的展现。它体现出志愿者与服务对象之间平等、包容和相互支持的态度，志愿者与服务对象建立良好的关系，始终保持友善、尊重，传递温暖和关爱。"友爱"不仅有助于增进人与人之间的信任和友谊，还有助于促进社会的和谐与稳定。

　　"互助"强调并体现于行动，是志愿精神的动力。它指个体或群体之间在遇到困难需要帮助时，志愿者与服务对象共同面对挑战，体现出互相帮助、互相支持、团结合作的精神。"互助"是一种重要的社会行为，不仅有助于增进人与人以及人与自然之间的和谐关系，还有助于促进社会的健康和发展。

"进步"强调并体现于结果，是志愿精神的目标。它是指志愿者在服务过程中不断学习和进步，通过参与志愿服务活动，提升自己的综合能力和素质，实现个人和集体的共同成长。"进步"不仅对志愿服务提出更高的要求，打下坚实的基础，还有助于推动中华优秀美德的传承和发展。

二、志愿者

（一）志愿者的定义

志愿者，也称义工、志工，是指不以物质报酬为根本目的，基于道德良知、价值信念与社会责任感，自愿投身于社会公益事业，为他人或社会提供无偿服务与帮扶的个体或群体。其通过投入时间、知识、专业技能、经验及体力等资源，积极参与社会服务实践，助力社会文明进步与可持续发展。作为志愿服务活动的主体与核心力量，志愿者的主动参与和持续奉献是志愿服务事业长远发展的基石。

在中国，志愿者的定义被进一步具象化为：在自身条件允许的前提下，自愿加入相关公益组织或团体，不谋求物质、金钱及其他利益回报，秉持无偿原则，超越本职职责范畴，通过科学整合社会资源，面向公益领域及特定需求群体，开展具备专业性、技能性、长期性特征的务实服务活动的社会成员。志愿者的构成呈现多元化特征，涵盖教师、学生、医务工作者、律师、公务员、企业员工、农民、自由职业者等职业群体，也包括退休人员、家庭主妇等不同社会身份人士。通过参与志愿服务，志愿者在促进社会文明的同时，实现了个人价值与社会价值的双重提升。

（二）志愿者的特点

无偿性：以公益为动机，不追求物质报酬或利益回报，其行动源于道德良知、社会责任感和利他精神，体现纯粹的人文关怀。

自愿性：以自愿为前提，不受外界强制或利益驱动，强调道德自觉与主体意识的觉醒，彰显个体对社会责任的主动承担。

社会性：以帮扶为目的，服务对象聚焦公共利益与社会需求，通过组织化、规范化的平台，整合资源并解决特定群体或公共问题，有助于社会文明的整体提升。

专业性：以专业为特点，强调服务活动的技能含量与持续效能。志愿者需具备与岗位匹配的知识、技能或经验，部分志愿服务需专业指导以保障实效。

双赢性：以双赢为导向，通过实践有助于增强社会凝聚力，传承文化美德，同时实现个人价值、提升能力，而获得精神满足，强调个人与社会的共生共进。

（三）志愿者的类型

根据不同的划分标准，志愿者大致可以分为以下四类。

1. 按服务职权分类

按服务职权划分，志愿者大致可分为政策制定类志愿者、直接服务类志愿者及庶务类志愿者。

政策制定类志愿者侧重参与志愿服务相关政策的规划、设计和决策工作。他们通常具备较高的专业素养和丰富的实践经验，能够从宏观层面为志愿服务的发展提供战略性建议和指导。他们的职责包括调研社会需求、制定服务标准、优化资源配置以及推动相关法律法规的完善，从而为志愿服务体系的规范化、专业化发展奠定基础。

直接服务类志愿者是志愿服务活动的直接执行者，他们深入一线，为服务对象提供面对面的帮助和支持。他们的服务范围广泛，涵盖助老扶幼、教育辅导、医疗救助、环境保护、帮困助残、应急救援等多个领域。直接服务类志愿者通过实际行动传递关爱与温暖，解决服务对象的实际困难，是志愿服务中最直接、最接地气的力量。

庶务类志愿者主要负责志愿服务活动的后勤保障和事务性工作，包括活动策划、组织协调、物资管理、宣传推广、风险防控等。他们的工作虽不直接面对服务对象，但却是志愿服务活动顺利开展的重要支撑。庶务类志愿者通过高效的组织管理和细致的后勤服务，确保志愿服务活动有序进行，提升整体服务质量和效率。

2. 按服务时间分类

按服务时间划分，志愿者大致可分为定时性志愿者与临时性志愿者。定时性志愿者定期参与志愿服务活动，侧重长期的志愿服务活动；临时性志愿者则根据活动需要临时加入，侧重短期的志愿服务活动。

3. 按服务类型分类

按服务类型划分，志愿者大致可分为社区治理类、教育类、文化类、生态环保类、应急救援类等。社区治理类志愿者主要以参与公共事务管理、调解邻里矛盾、政策宣传与社区营造等内容为主，大多为弱势群体提供生活照料、心理关怀、物资援助等各类帮助；教育类志愿者侧重参与教育相关的活动，如支教、帮扶困境学生、培训乡村教师、组织课外辅导及教育公益项目等；文化类志愿者着力于传统文化传承和推广，参与各类文化活动的策划、组织与服务；生态环保类志愿者聚焦于环境保护与可持续发展，积极参与植树造林、垃圾分类、动物保护、环境教育等公益行动；应急救援类志愿者在自然灾害、突发事件中提供紧急救援、物资配送、心理疏导等专业服务，助力社会恢复秩序、保障民众安全；健康医疗与法律援助类志愿者主要为公众提供健康科普、义诊、医疗协助或法律咨询、权益保障等服务。

4. 按服务内容分类

按服务内容划分，志愿者大致可以分为行政性志愿者、专业性志愿者及辅助性志愿者。行政性志愿者负责志愿服务的行政管理和协调工作；专业性志愿者具备专业技能和知识，为服务对象提供专业服务；辅助性志愿者则协助专业志愿者开展工作。

5. 按服务领域分类

根据服务领域的不同，志愿者可以分为社区治理志愿者、生态环境志愿者、教育辅导志愿者、医疗救助志愿者、法律援助志愿者、应急救援志愿者等多种类型。

三、志愿服务

（一）志愿服务的定义

志愿服务的定义有广义和狭义之分。广义上，志愿服务是指以造福近亲属以外的他人（个人或团体）或环境为宗旨的所有活动；狭义上，志愿服务是指无偿为非营利机构工作，又称志愿工作[①]。

2017 年 8 月，国务院公布的《志愿服务条例》第一章第二条指出：志愿服务，是指志愿者、志愿服务组织和其他组织自愿、无偿向社会或者他人提供的公益服务。

根据以上定义，本书所论及的志愿服务是广义上的，是指志愿者在不求物质回报的前提下，自愿、无偿地参与社会服务活动，以促进社会进步、增进公共利益、帮助他人和改善环境为目标的行为。

志愿服务活动涵盖教育、环保、医疗、文化、科技等众多领域，旨在满足社会多元化需求，促进社会和谐与发展。

（二）志愿服务的特征

志愿服务具有自愿性、无偿性、公益性和组织性等特征，它不仅是个人奉献社会的重要途径，也是社会文明进步的重要标志，更是现代社会中一种重要的社会参与方式。

自愿性：志愿服务是志愿者自愿参与的行为，他们不受任何强制或压力的影响，完全出于自己的意愿和选择。

无偿性：志愿服务是志愿者不求物质回报的行为，他们提供的服务是免费的，不

---

① 张晓红 . 志愿服务理论与实践 [M]. 北京：中国青年出版社，2020：10.

追求任何经济利益。

公益性：志愿服务的目的是促进社会进步、增进公共利益、帮助他人和改善环境，具有鲜明的公益性质。

组织性：志愿服务通常是在一定的组织或机构的指导和协调下进行的，这些组织或机构为志愿者提供培训、支持和保障，确保志愿服务的顺利进行。[①]

（三）志愿服务的保障机制

依据《中华人民共和国慈善法》《志愿服务条例》等法律法规及公益行业准则，志愿者作为公共服务参与主体，依法享有知情权、专业技能培训权、服务认证权、监督建议权，同时还应享有安全保障权、个人信息受保护权等衍生权益。与此相对应，志愿服务组织须承担信息披露、能力建设、权益保障等义务，违反相关规定的，还要承担法律责任，详见表1-1。

表1-1　志愿者权利、志愿服务组织的义务和法律责任

权利类型	志愿者权利	志愿服务组织的义务和法律责任
知情权	《志愿服务条例》第三章第十四条　志愿者、志愿服务组织、志愿服务对象可以根据需要签订协议，明确当事人的权利和义务，约定志愿服务的内容、方式、时间、地点、工作条件和安全保障措施等	《志愿服务条例》第三章第十二条　志愿服务组织可以招募志愿者开展志愿服务活动；招募时，应当说明与志愿服务有关的真实、准确、完整的信息以及在志愿服务过程中可能发生的风险
		《中华人民共和国慈善法》第七章第六十五条　慈善组织招募志愿者参与慈善服务，应当公示与慈善服务有关的全部信息，告知服务过程中可能发生的风险。 慈善组织根据需要可以与志愿者签订协议，明确双方权利义务，约定服务的内容、方式和时间等

_____

① 作者参照《志愿服务条例》的有关表述总结概括。

权利类型	志愿者权利	志愿服务组织的义务和法律责任
专业技能培训权	《中华人民共和国慈善法》第七章第六十八条　志愿者接受慈善组织安排参与慈善服务的，应当服从管理，接受必要的培训	《中华人民共和国慈善法》第七章第六十四条　开展医疗康复、教育培训等慈善服务，需要专门技能的，应当执行国家或者行业组织制定的标准和规程。 慈善组织招募志愿者参与慈善服务，需要专门技能的，应当对志愿者开展相关培训
专业技能培训权	《志愿服务条例》第三章第二十二条　志愿者接受志愿服务组织安排参与志愿服务活动的，应当服从管理，接受必要的培训	《志愿服务条例》第三章第十六条　志愿服务组织安排志愿者参与的志愿服务活动需要专门知识、技能的，应当对志愿者开展相关培训。 开展专业志愿服务活动，应当执行国家或者行业组织制定的标准和规程。法律、行政法规对开展志愿服务活动有职业资格要求的，志愿者应当依法取得相应的资格
服务认证权	《志愿服务条例》第三章第十九条　志愿服务组织安排志愿者参与志愿服务活动，应当如实记录志愿者个人基本信息、志愿服务情况、培训情况、表彰奖励情况、评价情况等信息，按照统一的信息数据标准录入国务院民政部门指定的志愿服务信息系统，实现数据互联互通	《志愿服务条例》第三章第十九条　志愿者需要志愿服务记录证明的，志愿服务组织应当依据志愿服务记录无偿、如实出具
服务认证权		《中华人民共和国慈善法》第七章第六十六条　慈善组织应当对志愿者实名登记，记录志愿者的服务时间、内容、评价等信息。根据志愿者的要求，慈善组织应当无偿、如实出具志愿服务记录证明
监督建议权	《中华人民共和国慈善法》第十一章第一百零八条　任何单位和个人发现慈善组织、慈善信托有违法行为的，可以向县级以上人民政府民政部门、其他有关部门或者慈善行业组织投诉、举报。民政部门、其他有关部门或者慈善行业组织接到投诉、举报后，应当及时调查处理。国家鼓励公众、媒体对慈善活动进行监督，对假借慈善名义或者假冒慈善组织骗取财产以及慈善组织、慈善信托的违法违规行为予以曝光，发挥舆论和社会监督作用	《志愿服务条例》第五章第四十条　县级以上人民政府民政部门和其他有关部门及其工作人员有下列情形之一的，由上级机关或者监察机关责令改正；依法应当给予处分的，由任免机关或者监察机关对直接负责的主管人员和其他直接责任人员给予处分： （一）强行指派志愿者、志愿服务组织提供服务； （二）未依法履行监督管理职责； （三）其他滥用职权、玩忽职守、徇私舞弊的行为

权利类型	志愿者权利	志愿服务组织的义务和法律责任
安全保障权	《志愿服务条例》第三章第十四条 志愿者、志愿服务组织、志愿服务对象可以根据需要签订协议，明确当事人的权利和义务，约定志愿服务的内容、方式、时间、地点、工作条件和安全保障措施等	《志愿服务条例》第三章第十七条 志愿服务组织安排志愿者参与可能发生人身危险的志愿服务活动前，应当为志愿者购买相应的人身意外伤害保险
		《中华人民共和国慈善法》第七章第六十九条 慈善组织应当为志愿者参与慈善服务提供必要条件，保障志愿者的合法权益。 慈善组织安排志愿者参与可能发生人身危险的慈善服务前，应当为志愿者购买相应的人身意外伤害保险
个人信息受保护权	《中华人民共和国个人信息保护法》第一章第二条 自然人的个人信息受法律保护，任何组织、个人不得侵害自然人的个人信息权益	《志愿服务条例》第三章第二十条 志愿服务组织、志愿服务对象应当尊重志愿者的人格尊严；未经志愿者本人同意，不得公开或者泄露其有关信息
		《中华人民共和国慈善法》第七章第六十三条 开展慈善服务，应当尊重受益人、志愿者的人格尊严，不得侵害受益人、志愿者的隐私
		《中华人民共和国慈善法》第十二章第一百一十条 慈善组织有下列情形之一的，由县级以上人民政府民政部门责令限期改正，予以警告，并没收违法所得；逾期不改正的，责令限期停止活动并进行整改：…… （九）泄露捐赠人、志愿者、受益人个人隐私以及捐赠人、慈善信托的委托人不同意公开的姓名、名称、住所、通讯方式等信息的
		《中华人民共和国个人信息保护法》第一章第十条 任何组织、个人不得非法收集、使用、加工、传输他人个人信息，不得非法买卖、提供或者公开他人个人信息；不得从事危害国家安全、公共利益的个人信息处理活动

　　由表 1-1 可以看出，"志愿者权利"与"志愿服务组织的义务和法律责任"体现了当代志愿服务逐渐从"道德倡导"向"法治化治理"的范式转型，既通过赋权机制激发公众参与活力，又通过义务规制强化志愿服务组织主体责任，进而实现社会公共利益与个体权益的协同优化。

四、志愿服务相关纪念日

（一）志愿服务纪念日的设立动因

　　志愿服务纪念日作为社会动员与文化建构的重要载体，既承载着对志愿者精神的传播，又通过仪式化活动强化公众参与意识，推动志愿服务事业向法制化发展。国内外不同类型志愿服务纪念日的多元化设立，源于其在不同国家的社会维度中承担的差异化功能，本质上都构成了"文化传承—社会动员—价值整合"三位一体的制度性体系。

（二）志愿服务主要纪念日

　　1. 国际志愿人员日（12 月 5 日）：全球志愿行动的共识性符号

　　国际志愿人员日（International Volunteer Day for Social and Economic Development），由第 40 届联合国大会于 1985 年 12 月 17 日确立，自 1986 年起每年 12 月 5 日全球同步开展主题活动。其设立旨在通过国家层面的政策倡导与民间组织的协同响应，构建"人人可为志愿者"的公共文化认同，进而动员多元主体参与社会经济发展。该纪念日具有价值凝聚、政策驱动、行动赋能三重制度功能，以"奉献、友爱、互助、进步"的志愿精神为核心，强化跨国界、跨文化的道德共识；敦促各国政府完善志愿服务立法与激励体系；通过典型案例宣传与技术培训，提升志愿服务专业化水平。

　　2. 学雷锋纪念日即中国青年志愿者服务日（3 月 5 日）：本土化志愿精神创新

　　1963 年 3 月 5 日，毛泽东"向雷锋同志学习"题词被全国各大报纸纷纷刊载。此后，每年的 3 月 5 日成为学雷锋纪念日。2000 年由共青团中央、中国青年志愿者协会下发通知，正式将 3 月 5 日确立为"中国青年志愿者服务日"。该纪念日兼具历史记忆与当代价值的双重属性。通过"雷锋精神"与志愿服务的概念嫁接，实现革命道德传统向现代公民文明素养的转型；依托"新时代文明实践中心"等政策平台，构建"群众点单—组织派单—志愿者接单"的精准服务模式。这一纪念日的设立，实现了我国本土志愿精神的可持续发展。

3.全国生态日（8月15日）：生态文明建设的志愿参与路径

2023年6月，第十四届全国人民代表大会常务委员会第三次会议决定将8月15日设立为全国生态日。在首个全国生态日上，生态环境部和中国科学院联合完成的《全国生态状况变化（2015—2020年）调查评估》正式发布。该调查评估显示，全国生态状况总体稳中向好，生态系统格局整体稳定，生态系统质量持续改善，生态系统服务功能不断增强，区域生态保护修复成效显著，生物多样性保护水平逐步提高。同时，我国生态本底脆弱，生态系统质量总体水平仍较低，重要生态空间被挤占的现象依然存在，自然资源过度开发和不合理利用问题仍未得到根本解决，生态保护修复任重道远。通过"河小青"护水行动、"垃圾分类"科普等志愿项目，推动公众从"环境问题旁观者"向"生态治理参与者"身份转变，形成"政府—社会组织—市民"协同治理模式；通过构建"绿色积分""碳普惠"等市场化激励机制，将个人环保行为（如低碳出行）量化为可兑换的志愿服务时长，增强参与可持续性；通过"全球生态文明论坛"等平台，将中国志愿者的生态实践转化为可复制的经验文本，如蚂蚁森林项目①累计带动5亿用户参与荒漠化防治，被联合国环境规划署列为典型案例。

三大纪念日通过"全球—国家—地方"多层联动，形成志愿服务的制度化动员网络：国际志愿人员日强化全球价值共识，学雷锋纪念日传承道德文化，全国生态日推动生态文明建设和绿色低碳发展。

五、中国志愿服务常见标识

志愿服务标识是志愿服务活动的象征和标志，它们通过简洁明了的图案和文字，传达了志愿服务的理念和精神。根据设计理念、文化内涵与应用场景的差异，中国常见的志愿服务标识主要分为以下几种。

（一）全国性统一标识——中国志愿服务标识

2014年中央文明办等八部门联合面向社会征集，并于同年12月5日正式向全社会发布中国志愿服务标识——"爱心放飞梦想"。中国志愿服务标识以汉字"志"为基

中国志愿服务标识

---

① 蚂蚁森林项目是由支付宝平台推出的一项公益活动，旨在通过用户的低碳行为推动形成绿色生活方式。用户通过完成一系列低碳行为，如步行、骑行、在线支付等，产生相应的绿色能量，能量累积，形成虚拟的"森林"，用户的低碳行为可以兑换真实的公益贡献，支持植树造林、空气和水源保护等项目。

本原型，以中国红为基本色调，以鸽子、红心、彩带为基本构成，蕴含丰厚的中华优秀传统文化，寓意中国特色的志愿服务事业红红火火。标识的上半部分是一只展翅高飞的鸽子，象征着和平、和谐与追求梦想；下半部分是中国书法中草书的"心"，同时也是一条飘逸的彩带，象征着志愿者将爱心连接在一起，奉献、友爱、互助、进步，为实现中国梦贡献力量。全国各级各类志愿服务组织在开展各类重大活动时，均应统一使用中国志愿服务标识，在开展具有自我特色的志愿服务活动时，要突出全国统一的标识，打出中国志愿服务品牌。

（二）青年志愿者专属标识——中国青年志愿者标志

中国青年志愿者标志整体构图为心的造型，同时也是英文"青年"第一个字母"Y"；图案中央既是手，也是鸽子的造型，寓意青年志愿者向需要帮助的人们奉献一份爱心，伸出友爱之手，立足新时代、展现新作为，弘扬奉献、友爱、互助、进步的志愿精神，以实际行动书写新时代的雷锋故事。[1]

中国青年志愿者标志

（三）妇女志愿服务相关标识——巾帼志愿者标识

巾帼志愿者标识融合汉字"女"的交叉笔画结构与英文"Women"首字母"W"，形成三颗紧密相连的心形，象征女性群体的团结协作与爱心奉献。中英文双语标注"巾帼志愿者"与"Women Volunteers"，强化国际传播属性。三颗心形既代表家庭、社区、社会三级服务场域，亦寓意志愿者、服务对象与社会公益的联动关系。[2]标识与全国妇联会徽设计理念相呼应，强调女性在志愿服务中的主体性，诠释"奉献、友爱、互助、进步"精神。

巾帼志愿者标识

---

① 规范来了！共青团中央、中国青年志愿者协会发布《中国青年志愿者标志基本规范》[EB/OL].（2020-04-27）[2025-03-25].https://mp.weixin.qq.com/s/Roi8P4uG70Gwf_SSz6g4wA.
② 中国巾帼志愿服务标识今天发布 [EB/OL].（2017-07-17）[2025-03-25].https://tv.cctv.com/2012/07/17/VIDE5dzqgiDgiZRrKZZczAId120717.shtml.

（四）文化志愿服务相关标识——中国文化志愿者标识

2014 年 3 月 24 日，文化部正式发布中国文化志愿者标识。该标识是中国文化志愿者的统一标识，广泛应用于各类文化志愿服务活动。中国文化志愿者标识名为"绽放之时"，整体造型是一朵盛开的花朵，由 5 个变形的"文"字相互连接构成，融合了汉字、心形和中国结等元素，寓意文化志愿者心手相连，传播中华民族优秀文化，弘扬"奉献、友爱、互助、进步"的志愿精神。[①]

中国文化志愿者标识

这些标识不仅具有象征意义，还增强了志愿者的归属感和荣誉感，推动了志愿服务活动的广泛开展。

第二节　中国志愿服务的发展历程

自 1949 年新中国成立以来，结合政策推动、社会需求变化及实践创新，中国志愿服务的发展历程大致可划分为萌芽初始阶段（1949—1980 年）、起步成长阶段（1981—1993 年）、探索发展阶段（1994—2005 年）、创新转型阶段（2006—2017 年）、多元化壮大阶段（2018 年至今）等五个阶段[②]，从而逐步形成具有中国特色的志愿服务体系。

一、萌芽初始阶段（1949—1980 年）

此阶段志愿服务多与政治动员结合，具有"国家主导、群众运动"的鲜明特色，与当代民间自发志愿活动存在区别。国外的志愿服务理念开始传入中国，全国和地方层面分别进行了积极探索。与此同时，全国开始"学雷锋"行动，中国的志愿服务开始"走出去"，中国成为同期发展中国家少有的同时开展国内大规模志愿动员，并对外进行国际志愿援助的国家。

（一）中国红十字会重建和爱国卫生运动

中国红十字会重建：1950 年，中国红十字会成为新中国最早恢复的社会团体，在抗美援朝期间组织志愿医疗队、动员献血等，是早期志愿服务的重要载体。

爱国卫生运动：在抗美援朝战争中，美军发动了细菌战。1952 年，毛泽东发出"动

---

① 文化部办公厅关于推行使用"中国文化志愿者"标识和"文化志愿者注册服务证"有关事宜的通知 [EB/OL].（2014-04-29）[2025-03-25].https://zwgk.mct.gov.cn/zfxxgkml/ggfw/202012/t20201206_918829.html.
② 魏娜. 志愿服务概论 [M]. 北京：中国人民大学出版社，2018：118.

员起来，讲究卫生，减少疾病，提高健康水平，粉碎敌人的细菌战争"号召，由此在神州大地开启了轰轰烈烈的爱国卫生运动。

（二）扫盲运动和青年志愿垦荒队

扫盲运动：新中国成立之初，全国文盲率高达 80% 以上，农村文盲率更是高达 95% 以上，严重制约国家建设发展。1950 年第一次全国工农教育会议召开，确定工农教育以识字、学文化为主。1952 年 11 月中央人民政府扫除文盲工作委员会成立，全国范围内的扫盲运动正式开始。扫盲运动通过多种途径和方法进行，政府开设成人教育学校，推动义务教育，党政机关、企事业单位、妇联、农村合作社等成为扫盲主力军，工人、农民等以"夜校""读书班""文化小组"等形式参与扫盲教育。这一群众性教育援助行动具有鲜明的志愿服务性质。扫盲运动从 20 世纪 50 年代初持续至 60 年代初，先后有近 1 亿人摘掉文盲帽子，不但提高了国民文化水平，还为新中国建设及各项事业发展奠定了坚实基础，是中国从落后农业国迈向现代化工业国的重要一步。

青年志愿垦荒队：1955 年 8 月 9 日，在北京市郊区青年团员杨华、庞淑英等 5 人的联名倡议下，第一支青年志愿垦荒队成立。他们一起商定了组织垦荒队的三条原则：第一，必须绝对自愿；第二，不要国家一分钱投资；第三，去了就不回来。[①]随后大批青年踊跃报名，支援边疆垦荒，开启了中国现代史上一大批青年志愿者到北大荒开发边疆、建设边疆的先河。早期青年志愿建设边疆的行动可视为中国志愿服务的重要发端。

（三）中国志愿服务的精神符号：雷锋和焦裕禄

雷锋精神：雷锋（1940 年 12 月 18 日—1962 年 8 月 15 日），原名雷正兴，出生于湖南长沙，中国人民解放军战士，共产主义战士。他热爱学习，坚持为人民服务，留下诸多感人故事。1962 年 8 月 15 日，雷锋因公殉职，年仅 22 岁。1963 年 3 月 5 日，毛泽东"向雷锋同志学习"题词被全国各大报纸纷纷刊载。从此，全国广泛开展学习雷锋活动，树立个人道德层面的志愿服务典范，各地先后涌现出一大批"雷锋"式的先进集体和模范人物。雷锋对后世影响最大的是以其名字命名的"雷锋精神"，包括忠于党和人民、舍己为公、全心全意为人民服务，为共产主义奋斗的奉献精神，以及立足本职，埋头苦干的"螺丝钉精神"。

焦裕禄精神：焦裕禄（1922 年 8 月 16 日—1964 年 5 月 14 日），山东淄博人，河南省兰考县原县委书记、干部楷模、革命烈士。他 1962 年被调到河南省兰考县担任县

---

① 张艳 . 构建和谐社会战略背景下中国志愿服务事业发展研究 [D]. 重庆：重庆大学，2007.

委书记，当时兰考县正遭受风沙、内涝、盐碱"三害"，他带领全县人民战天斗地，奋力改变贫困面貌，积劳成疾，因肝病不幸逝世。焦裕禄是人民的好公仆、领导干部的好榜样。他用自己的实际行动，铸就了亲民爱民、艰苦奋斗、科学求实、迎难而上、无私奉献的焦裕禄精神，这种精神为党员干部志愿服务树立了典范。焦裕禄是人民的好公仆、领导干部的好榜样。

（四）国际志愿服务：中国援外医疗队和中国援建坦赞铁路

中国援外医疗队：中国援外医疗队成立于 1963 年。从 20 世纪 60 年代开始，中国的一批批援外医疗队员"不畏艰苦、甘于奉献、救死扶伤、大爱无疆"，相继奔赴苏丹、马拉维、瓦努阿图等国家，诊治患者、防控疾病、建设医院、帮带医疗队伍……中国援外医疗队有着精湛的医术和高尚的医德，赢得了各受援国政府和人民的高度赞扬。

中国援建坦赞铁路（1970—1976 年）：1970 年起，中国相继派出 5 万余人次工程技术人员和工人志愿参与坦赞铁路建设，坦赞铁路成为当时最大规模的国际援建项目之一，也体现了中国技术志愿服务的国际主义精神。

二、起步成长阶段（1981—1993 年）

以党的十一届三中全会为标志，我国进入了改革开放与现代化建设的历史新时期。我国现代意义的志愿服务随着改革开放而逐步发展。

（一）"综合包户"活动

1983 年北京宣武区组织开展"文明礼貌月"活动，大栅栏街道举行"综合包户"协议书签订仪式，由团员青年为本地区 19 名老人定期提供送粮送菜、理发洗澡、打扫卫生等 10 项综合服务。此后这项服务迅速推广，全区八个街道对 137 名老人提供"综合包户"服务，形成有组织、有制度、相互联系、相互配合的服务网。1984 年，共青团中央发文向全团推广。

（二）"五讲四美三热爱"活动

1984 年，全国普遍开展了"五讲四美三热爱"活动，掀起了社会主义精神文明建设的热潮，为开展志愿服务奠定了深厚的群众基础。中宣部在宣教局成立了"五四三办公室"，具体负责全国的"五讲四美三热爱"活动。

（三）希望工程

希望工程是由共青团中央、中国青少年发展基金会于 1989 年发起实施的，以改善贫困地区基础教育设施、救助贫困地区失学少年重返校园为使命的社会公益事业。其先后发起希望工程"1（家）+1"结对救助和"希望小学"两大拳头项目，组织开展"希望工程百万爱心行动"，号召全社会奉献爱心、捐资助学，有效地解决了青少年因贫失学、辍学的问题，提高了农村基础教育阶段的入学率和升学率。希望工程不仅种下了贫困学子梦想的种子，还完成了一场广泛、持久、深入的公益意识启蒙运动，成为改革开放时代中国的公益大学校。1989 年 1 月，经过中国人民银行的审批回复，同意成立中国青少年发展基金会。后经民政部审核，批准中国青少年发展基金会进行登记注册，使其获得社团法人的资格。中国青少年发展基金会成立后在青少年公益事业等诸多方面发挥了重要作用。最具代表性的受益者是"大眼睛苏明娟"——希望工程的标志性照片的主人，2018 年 6 月，她成立了"苏明娟助学基金"，对"希望工程"的公益影响力进行了最大化的诠释。

（四）第一条志愿服务热线和第一家社区志愿者协会

第一条志愿服热线：1987 年广州市开通全国第一条志愿服务热线——"中学生心声热线"，电话号码为 3330564，用粤语说就是"心中的情你尽诉"。

第一家社区志愿者协会：1988 年，天津和平区新兴街朝阳里社区 13 名党员自发组织开展邻里互助行动，天津和平区委、区政府给予大力的支持，并积极向全区推广新兴街社区志愿者服务的做法，在全区 12 个街道办事处相继建立了社区服务志愿者协会组织，其下属 261 个居委会也分别建立了分会。1989 年 3 月 18 日，天津市和平区正式成立我国第一家志愿者协会——"天津和平区新兴街道社区服务志愿者协会"。它为全国各地社区志愿服务活动的开展提供了范例和借鉴，推动了中国社区志愿服务事业的起步与发展。

（五）中国青年志愿者行动

1993 年 12 月 19 日，在共青团中央的号召下，2 万余名从事铁路相关工作的青年，亮出"青年志愿者"的旗帜，在京广铁路沿线开展为旅客送温暖的志愿服务活动。这一行动意义重大，它标志着中国青年志愿者行动以统一的身份在全国范围内正式启动。此后，中国青年志愿者行动不断发展壮大，在社会各个领域发挥积极作用，成为传递爱心、服务社会的重要力量。该行动是中国青年志愿者行动发展历程中的一个重要里程碑事件。

三、探索发展阶段（1994—2005 年）

中央有关部门开始统筹管理相关领域的志愿服务工作，地方志愿服务法制化进程不断推进，志愿服务队伍逐步发展，我国开启了中国志愿者"走出去"的新篇章。

（一）中国青年志愿者协会成立

1994 年 12 月 5 日，中国青年志愿者协会成立，它在我国志愿服务领域具有开创性意义，是首个全国性的志愿服务社会团体。1998 年，共青团中央专门成立青年志愿者工作部，目的是统筹管理全国的青年志愿服务工作，以推动青年志愿服务事业更加有序、高效地发展。

（二）志愿服务地方立法

1999 年 8 月，广东省发布了我国第一部关于志愿服务的地方性法规——《广东省青年志愿服务条例》，标志着我国志愿服务法制化进程的开启。此后，北京市、天津市、浙江省、黑龙江省、宁夏回族自治区等十多个省（区、市）分别制定了地方层面的志愿服务条例，志愿服务法制化进程逐步推进。

（三）海外服务计划

海外服务计划指的是中国青年志愿者海外服务计划。该计划于 2002 年 3 月正式启动，通过面向全国公开招募志愿者的方式，组织志愿者前往国外，在语言教育、计算机培训、医疗卫生等多个领域开展志愿服务工作，旨在促进国际交流合作，帮助当地发展并传播中国志愿者精神。

（四）大学生志愿服务西部计划

大学生志愿服务西部计划是由共青团中央、教育部、财政部、人力资源和社会保障部联合实施的，从 2003 年起，每年招募普通高等学校应届毕业生或在读研究生，到西部基层开展 1 ~ 3 年志愿服务。大学生志愿服务西部计划的意义在于：一是有效推动区域协调发展，填补西部人才缺口，从而缩小东西部差距；二是服务国家重大战略，衔接"乡村振兴"与"共同富裕"，铸牢中华民族共同体意识；三是优化人才资源配置，缓解结构性就业矛盾，促进社会阶层流动；四是传播现代文明理念，输入先进技术与观念，培育基层内生动力；五是锻造新时代青年精神品格，践行家国情怀，锤炼实践能力；六是志愿服务文化传承，延续志愿精神传统，塑造青年价值认同。大学生志愿

服务西部计划实现了国家战略需求与青年个人价值的深度契合，为破解不平衡不充分问题提供了可持续的青年力量，是中国特色社会主义志愿服务制度的创新典范。

（五）中国社会工作联合会

中国社会工作联合会（China Association of Social Workers，CASW），原中国社会工作协会，于1991年7月成立，1992年代表中国加入国际社会工作者联合会，2015年1月16日经民政部批准更名为中国社会工作联合会。其是由致力于我国社会工作事业发展的社会工作行业组织、社会工作服务机构、专业社会工作者以及支持社会工作发展的社会公益组织、单位和个人自愿结成的顶层性、枢纽性、引领性、联合性社会团体。[1]

---

[1] 中国社会工作联合会简介 [EB/OL].[2025-03-22]. http://cncasw.swchina.org/xhjj/xhjj_1.shtml.

中国社会工作联合会业务涵盖老年、妇女儿童、婚姻家庭、学校社区、司法矫正、禁毒戒毒、医务、退役军人、应急救援、生态文明、乡村振兴、健康中国等众多专业领域，为推动我国社会工作专业化、职业化、本土化发展发挥了重要作用。

四、创新转型阶段（2006—2017 年）

在中央文明委的统一领导，中宣部、中央文明办的统筹协调下，有关部门各负其责，社会各方面积极参与，志愿服务经历了制度化的创新转型，从地方立法探索向中央政策整合，并逐步上升到国家层面，有关志愿服务的重要文件、重要政策相继出台，重大志愿服务活动深入开展。志愿服务事业实现了"四大转变"，即志愿服务队伍由以青年为主向全体社会成员共同参与转变；志愿服务开展由以阶段性为主向经常性转变；志愿服务管理由松散型为主向规范化转变；志愿服务形式由以活动为主向项目化运行转变。"四个转变"体现了志愿服务事业在参与主体、开展频率、管理模式和运行形式等方面不断发展和进步，志愿服务事业开始朝着更广泛、更持续、更规范、更有效的方向迈进。

（一）中央文明办牵头负责志愿服务工作

2006 年 10 月，中国共产党第十六届中央委员会第六次全体会议通过了《中共中央关于构建社会主义和谐社会若干重大问题的决定》，明确提出要"深入开展城乡社会志愿服务活动，建立与政府服务、市场服务相衔接的社会志愿服务体系"。2008 年，中央文明委印发《关于深入开展志愿服务活动的意见》，指出要深入开展多种形式的志愿服务活动，为人们关爱他人、奉献社会搭建平台，明确在中央文明委领导下，成立由中央文明办牵头，有关部门共同参加的全国志愿服务活动协调小组，负责全国志愿服务活动的总体规划和协调指导，督促检查各地各部门开展志愿服务活动的情况，总结推广先进经验。2009 年，中央文明办成立了志愿服务工作组，具体承担志愿服务工作职能；2011 年，中央文明办设立"全国志愿服务工作协调小组"，统筹跨部门协作；2012 年，民政部试点"志愿服务记录制度"，覆盖北京、杭州等 12 个城市；2013 年 12 月，中国志愿服务联合会成立，在中央文明办的指导下开展工作，成为联络、服务广大志愿者和志愿服务组织的重要平台。

（二）2008年汶川地震抗震救灾志愿服务

2008年汶川地震抗震救灾志愿服务标志着中国首次大规模民间志愿力量参与国家级灾害救援的实践突破。据民政部统计，地震后72小时内即有超过20万志愿者自发涌入灾区，打破了传统"政府包办型"的救灾模式，呈现出"跨地域性、人员多样性、行动自发性"三个特征。据新华社报道，在汶川地震发生后的40天内，有超过130万人次的中外志愿者在灾区工作。一年后，四川灾区仍有超过5万名志愿者在服务。汶川地震中，受灾地区累计接受志愿者报名118万余人，有组织地派遣志愿者18万余人，开展志愿服务178万余人次，中国志愿者瞬间爆发出巨大能量，志愿服务领域也因此诞生一个新名词"应急志愿者"。[①]2008年是中国志愿服务发展的重要节点，地震抗震救灾志愿服务大幅提升了人们对志愿服务的认识，使全社会更加深刻地感受到了志愿服务的重要作用，对提升国民素质、增强社会凝聚力产生了深远影响。

（三）2008年北京奥运会志愿服务

中国奥运志愿服务体系经历了从经验积累到制度创新的动态发展过程。2005年11月，"北京奥运会志愿者行动计划"启动，建立了"赛会志愿者—城市志愿者—社会志愿者"三级体系，首次大规模引入国际赛事志愿服务模式，其组织架构被视为中国志愿服务制度化的里程碑。2008年北京奥运会赛会志愿者招募于2006年8月启动，2008年3月结束，志愿者群体中86.3%为高校学生，其服务行为显著提升了青年一代的社会责任感。在举世瞩目的北京奥运会、残奥会期间，10万名赛会志愿者、40万名城市志愿者以及100万名社会志愿者为奥运会提供了热情周到的服务。[②]通过"微笑名片"策略，志愿者群体以跨文化沟通实践消解了国际社会对中国崛起的疑虑，根据国际奥委会（IOC）2008年的评估报告，志愿者的服务获得高度认可，服务满意度为98.2%。在奥运会闭幕式上，国际奥委会为感谢志愿者为奥运会作出的突出贡献，首次增加了向志愿者代表献花的仪式。联合国授予北京志愿者协会"联合国卓越志愿服务组织奖"。至此，奥运志愿服务成为展示中国国家形象的关键媒介。

（四）推进志愿服务制度化法制化

2006年3月，《中华人民共和国国民经济和社会发展第十一个五年规划纲要》首次将"志愿服务"纳入国家发展规划，提出"支持志愿服务活动并实现制度化"目标。

① 十年"致青春" 志愿力量蓬勃生长——四川应急救灾志愿服务发展报告[EB/OL].（2018-05-10）[2025-03-13]. https://www.sc.gov.cn/10462/12771/2018/5/10/10450575.shtml.
② 魏娜.志愿服务概论[M].北京：中国人民大学出版社，2018：122.

2006年12月，共青团中央发布《中国注册志愿者管理办法》，建立全国统一的志愿者注册制度。2008年北京奥运会与汶川地震在时间维度上的耦合，催生了志愿服务发展的"双重加速效应"。2013年11月，《中共中央关于全面深化改革若干重大问题的决定》首次提出"支持和发展志愿服务组织"，将其纳入社会治理体制创新框架。2014年2月，中央文明委印发《关于推进志愿服务制度化的意见》，要求建立完善志愿服务长效工作机制和活动运行机制，确立"招募注册—培训管理—服务记录—激励回馈"全流程制度链条，要求建立志愿服务时间储蓄与积分兑换机制，推进志愿服务制度化。2016年7月，中共中央宣传部会同有关部门下发了《关于支持和发展志愿服务组织的意见》，明确政府购买服务、财税优惠等扶持政策；同年8月，中共中央办公厅、国务院办公厅发布《关于改革社会组织管理制度促进社会组织健康有序发展的意见》，提出大力培育发展社区社会组织，降低准入门槛。2017年8月，国务院公布《志愿服务条例》，我国第一部关于志愿服务的全国性法规正式落地，对规范和促进我国志愿服务事业发展具有里程碑意义。该条例明确了志愿者、志愿服务对象、志愿服务组织三方权益，同时规定志愿服务组织应为志愿者购买人身意外保险，政府部门应当建立应急志愿服务协调机制，鼓励公共服务机构等对有良好志愿服务记录的志愿者给予优待，国家鼓励企业和其他组织在同等条件下优先招用有良好志愿服务记录的志愿者，公务员考录、事业单位招聘可以将志愿服务情况纳入考察内容。

五、多元化壮大阶段（2018年至今）

党的十九大以来，我国志愿服务事业在政策引导、实践创新和社会参与等方面发生了显著变化，志愿服务工作被赋予更鲜明的社会责任，制度化、规范化、专业化、常态化日益凸显，实现了"四大转型"，即逐渐从传统模式向制度化、专业化、国际化方向转型；从"运动式"参与向"制度化"治理转型；从单一领域向多维度社会服务转型；从国内实践向国际舞台转型。党的十九届四中全会通过的《中共中央关于坚持和完善中国特色社会主义制度 推进国家治理体系和治理能力现代化若干重大问题的决定》进一步明确要"健全志愿服务体系"。习近平总书记也多次在视察工作时对志愿者及志愿服务工作给予了高度肯定。随着2024年《中共中央办公厅 国务院办公厅关于健全新时代志愿服务体系的意见》的落地，志愿服务进一步融入国家治理现代化进程，成为推动社会进步、实现共同富裕的重要力量。我国的志愿服务事业迎来黄金发展机遇期。

（一）志愿服务体系进一步完善

中央相关部门相继制定规范性文件，进一步完善了志愿服务体系。2019 年 8 月，中国科协办公厅印发《科技志愿服务管理办法（试行）》，完善了科技志愿服务的组织保障和管理机制；当月，民政部下发《关于学习宣传贯彻习近平总书记志愿服务重要指示精神的通知》。2020 年 5 月，教育部印发了《普通高中课程方案和语文等学科课程标准（2017 年版 2020 年修订）》，在"具有理想信念和社会责任感"的培养目标中强调要热心公益、志愿服务，具有奉献精神，在开设科目和学分中，志愿服务占 2 学分。2021 年 6 月，生态环境部和中央文明办联合印发《关于推动生态环境志愿服务发展的指导意见》，明确了生态环境志愿服务的主要内容形式；同年 9 月，中央文明办、民政部、退役军人事务部联合印发《关于加强退役军人志愿服务工作的指导意见》，对做好退役军人志愿服务工作的指导思想、工作原则、目标任务、保障措施等内容进行了明确。2024 年 4 月，《中共中央办公厅　国务院办公厅关于健全新时代志愿服务体系的意见》提出，到 2035 年志愿服务成为社会主义文化强国的重要标志；要求各级党委和政府要将志愿服务纳入经济社会发展总体规划；强化党建引领，把广大志愿者、志愿服务组织、志愿服务工作者凝聚在党的旗帜下；健全志愿服务领导体制和工作机制，在党委统一领导下，发挥志愿服务工作协调机制作用，形成党委社会工作部门牵头负责，各有关部门和群团组织履职尽责、联动高效的工作格局。

（二）脱贫攻坚领域的志愿服务

志愿服务在中国脱贫攻坚中发挥了不可替代的补充性、创新性和持续性作用，在脱贫攻坚中形成了"政府主导 + 社会协同 + 群众参与"的中国特色模式，通过精准对接贫困地区需求，动员社会资源，弥补政府公共服务的短板，成为脱贫攻坚的重要社会力量支撑。其核心价值体现在三个方面：一是通过非行政化手段激活基层活力，弥补政策执行的"最后一公里"问题；二是以有限的社会投入撬动更大的减贫效益；三是在物质帮扶的同时重塑贫困群众的发展信心，为乡村振兴奠定可持续的人文基础。2019 年 6 月，民政部办公厅发布《关于进一步加强脱贫攻坚志愿服务宣传展示工作的通知》，多角度、全方位、立体化展示了脱贫攻坚志愿服务的生动实践。这一实践不仅助力中国完成消除绝对贫困的奇迹，也为全球减贫事业提供了"志愿力量嵌入国家行动"的创新范式。

（三）中国志愿服务研究中心成立

2019 年 10 月，中国志愿服务研究中心挂牌成立。中国志愿服务研究中心是在中央

文明办的大力支持下，由中国社会科学院成立，挂靠在中国社会科学院社会发展战略研究院。其旨在承担统筹指导、示范引领全国志愿服务研究工作，整合资源和力量承接国家重大科研项目，开展理论研究和调研监测，培养高层次人才队伍，促进全国志愿服务研究机构交流合作，进而建成我国志愿服务研究重镇。

（四）疫情防控期间的志愿服务

新冠疫情发生以来，广大志愿者和志愿服务组织在为医务人员通勤和物资供给提供保障、为群众提供心理援助服务、参与落实社区防控活动、积极参与新型冠状病毒感染的预防和治疗临床试验等方面作出了突出贡献。在最危险的时刻，广大疫情防控志愿者以高度的政治站位、勇于担当作为的工作态度，展现了新时代志愿服务的专业水平和服务精神，为战"疫"胜利提供了坚强保障。

（五）冬奥会和冬残奥会的志愿服务

2022 年，北京冬奥会赛会志愿者报名人数超过 100 万，在最终录用的 1.9 万名赛会志愿者中，35 岁以下的占 94%，采用"数字化 + 人性化"双轨机制，依托"志愿北京"平台实现全流程志愿者在线管理，同时引入无障碍服务、多语言支持等专业化模块，服务范围涵盖体育竞赛、场馆管理、语言服务、新闻运行等几十个业务领域。志愿者以"天霁蓝"服装通过"云志愿""低碳服务"等创新形式传递科技与环保理念，传递中国温度，通过手语服务、无障碍引导等专业化行动将中国残疾人事业发展成果具象化，国际运动员称赞其为"温暖冬奥的光"。20 万人次的城市志愿者在城市交通、信息咨询、文明倡导等方面提供服务，以饱满热情和温暖微笑扮靓冬奥、点亮城市。中国大型赛会志愿服务已形成"政府主导—高校协同—社会参与"的中国特色模式，其标准化流程为后续国际赛事提供了可复制的管理范式。

（六）中共中央社会工作部

中国共产党中央委员会社会工作部（Society Work Department of the Communist Party of China Central Committee，简称中共中央社会工作部），是党中央职能部门，统一领导国家信访局，负责统筹指导人民信访工作，指导人民建议征集工作，统筹推进党建引领基层治理和基层政权建设，统一领导全国性行业协会商会党的工作，协调推动行业协会商会深化改革和转型发展，指导混合所有制企业、非公有制企业和新经济组织、新社会组织、新就业群体党建工作，负责全国志愿服务工作的统筹规划、协调指导、督促检查，指导社会工作人才队伍建设等。[①] 中共中央社会工作部的组建是中国社会建设史上的一个重要里程碑，对于推进新时代社会治理现代化具有重要的意义。中共中央社会工作部作为统筹协调部门，核心是加强党在社会领域的引领作用，强化"党建＋志愿"模式，推动"社工＋志愿者"联动机制，以整体性治理理念重塑党和社会的关系，修正"碎片化"治理的弊端，形成高效的新时代社会治理工作格局。

第三节　志愿服务的意义及价值

一、志愿服务的意义

志愿服务是一种自愿、无偿、充满爱心的社会服务活动。在新时代背景下，志愿服务不仅成为连接政府与民众、促进现代社会多元化融合的沟通桥梁，更成为推动社会精神文明进步、构建和谐社会的重要力量。志愿服务既是体现个人成长的途径，也是奠定社会进步的基石。其意义主要体现在以下五个方面。

（一）弘扬社会主义核心价值观

志愿服务活动以"奉献、友爱、互助、进步"为宗旨，与社会主义核心价值观高度契合。志愿者通过参与志愿服务，传递"利他精神"，以行动诠释"助人无须回报"，深刻理解和践行社会主义核心价值观，潜移默化中影响社会风气，并将其内化于心、外化于行。这种实践活动不仅有助于个人道德品质的提升，更能在全社会范围内营造出崇德向善、见贤思齐的良好氛围，推动社会整体道德水平的提升。

（二）促进社会和谐与稳定发展

志愿服务活动具有广泛的社会自主参与性和群众主动性，能够自动汇聚起强大的社会正能量。在服务过程中，志愿者为弱势群体发声、争取权益的行动，有效促进社会的公平与正义。志愿者通过提供咨询、沟通帮助、解决问题，有效缓解了社会矛盾。志愿者打破固有认知，通过与不同群体（如弱势群体、特殊需求者）之间的交流与融合，培养共情力与社会责任感，增进了人与人之间的信任和理解，增强了社会凝聚力和向心力，为构建健康和谐稳定的社会奠定了坚实基础。

（三）推动社会治理

在新时代社会治理体系中，中共中央办公厅、国务院办公厅出台了《健全新时代

---

① 中共中央社会工作部官网 . 本部介绍 [EB/OL].[2025-03-25]. https://www.zyshgzb.gov.cn/459401/459462/index.html.

志愿服务体系的意见》和《关于社区志愿服务的工作指引（试行）》等系列指导性文件，志愿服务的作用不可替代。志愿服务不但能够有效弥补政府和市场在社会治理方面的不足，还为弱势群体提供及时有效的帮助。同时，还具有隐性的"双向治愈"功能。志愿服务并非一种单向付出，而是一种双向的情感联结，它能够促进社区自治和居民参与，激发居民的公共意识和责任意识，推动社会治理向多元化、民主化方向发展，从而提升社会治理的效能和水平。

（四）促进个人成长与素质提升

志愿服务对于促进个体的成长与发展具有重要的作用。一方面，通过帮助他人，志愿者能够感受到"被需要"的成就感，增强对自身价值的认同；另一方面，志愿服务提供了丰富的实践机会，能够激发个体的学习兴趣和创新热情，促使个体自发学习和钻研技能，培养个体的团队协作能力、沟通能力和组织协调能力，使个体能够在实践中积累宝贵经验，进而提升自身的专业技能和素质提升，为未来的职业生涯奠定坚实基础。

（五）推动社会文化传承与综合发展

志愿服务事业是社会文化建设的重要组成部分。通过志愿服务活动，弘扬中华优秀传统文化，培育和践行社会主义核心价值观，推动形成积极向上的社会风气。同时，志愿服务还能够推动文化传承，如在非遗保护、社区文化活动中，志愿者常成为文化延续的重要纽带。志愿服务可以促进文化交流与互鉴，增进不同文化之间的理解和尊重，推动社会文化的繁荣发展。

综上所述，志愿服务在弘扬社会主义核心价值观、促进社会和谐与稳定发展、推动社会治理、促进个人成长与综合发展、推动社会文化传承与繁荣发展等方面具有深远的社会意义。

二、志愿服务的价值

志愿服务像一面多棱镜，折射出人性中的善意与社会进步的多元性。它既微小，又宏大，既需要从细微小事做起，如一次社区清洁，又需要具有开阔的人生格局，如国际人道救援。它的价值体现在以下五个方面。

（一）社会价值

志愿服务对社会的贡献不容小觑。它为需要帮助的弱势人群提供支持，改善社会环境，并促进社会和谐稳定。志愿者通过扶贫济困、扶弱助残等活动，在城乡发展、社区建设、抢险救灾以及大型社会活动中发挥积极作用，推动经济发展和社会进步。同时，志愿组织的存在也是政府和市场功能的重要补充，它以独特的方式为社会提供了大量的服务。

（二）个人成长价值

志愿服务对个人成长具有显著影响。其一，它能够提升个人的综合素质，如沟通能力、组织能力、领导能力等。通过参与志愿服务活动，志愿者可以在实践中锻炼自己的能力，实现价值追求和自我提升。其二，志愿服务还能够促进个人自我认知，帮助志愿者更好地认识自己，发现自己的优点和不足，从而有针对性地进行改进。

（三）教育价值

志愿服务在教育领域也发挥着重要作用。它能够为教育事业作出贡献，帮助学校、学生和教师等群体。通过参与支教、理论宣讲、科普宣传等活动，志愿者可以传递知识，促进教育公平和提高教育质量。同时，志愿服务也是青少年参与社会生活的一种重要方式，有助于培养他们的公民意识和社会责任感，进而影响并带动整个社会的进步。

（四）经济价值

志愿服务虽然不以获得直接的工资、福利为目的，但它能够创造显著的社会经济价值。许多社会公益活动和大量的非营利组织愿意让志愿者参与其中，从而获得人力资源方面的支持，节约运营成本。在大型活动中，志愿者的无偿服务可以降低运作成本，提高经济效益。此外，志愿服务还能够促进相关产业的发展，如文化旅游，为经济增长注入新的活力。

（五）精神价值

志愿服务具有崇高的精神价值。它超越了物质追求，体现了志愿者的奉献精神和社会责任感。通过参与志愿服务活动，志愿者能够感受到帮助他人的喜悦和成就感，从而增强自己的精神追求和幸福感。同时，志愿服务也能够激发社会的正能量，弘扬社会主义核心价值观，推动社会文明进步。

综上所述，志愿服务的价值体现在社会价值、个人成长价值、教育价值、经济价值以及精神价值等多个方面。这些价值不仅促进了社会和谐稳定与发展进步，也提升了志愿者的个人素质和幸福感。因此，我们应该积极倡导和支持志愿服务活动，鼓励更多的人加入志愿者行列，共同为社会的发展和进步贡献力量。

第二章

生态环境志愿服务功能与发展

党的十八大以来，以习近平同志为核心的党中央高度重视志愿服务和生态环境保护工作。党的十八大报告提出"广泛开展志愿服务""加大自然生态系统和环境保护力度"；党的十九大报告强调"推进志愿服务制度化""牢固树立社会主义生态文明观"；党的二十大报告提出"完善志愿服务制度和工作体系""推动绿色发展""必须牢固树立和践行绿水青山就是金山银山的理念"；党的二十届三中全会进一步提出"推动志愿服务体系建设""聚焦建设美丽中国""健全生态环境治理体系""促进人与自然和谐共生"。在此背景下，我国生态环境志愿服务事业稳步推进，生态环境志愿服务项目内容日益丰富、数量持续增长，已经成为各类社会主体参与生态文明建设的重要渠道。

本章将围绕生态环境和生态环境志愿服务、生态环境志愿服务的特征与功能、生态环境志愿服务的发展历程、生态环境志愿服务面临的挑战四部分内容进行论述。

| 第一节 | 生态环境和生态环境志愿服务 |

一、生态环境的基本概念

（一）生态环境的定义

生态环境是生态学与环境科学交叉领域的核心概念，是指由动植物、微生物构成的生物群落，及其生存环境，通过物质交换、能量流动与信息传递共同构成的动态复合系统，该系统强调各要素间的相互作用与整体平衡。生态环境既是生命存续的基础载体，也是人类社会可持续发展的约束条件。

（二）生态环境的构成要素

生态环境的构成要素包括生物要素、非生物要素和人类活动要素。

（1）生物要素：包括生产者（植物、光合微生物等）、消费者（动物等）、分解者（真菌、细菌等）构成的生态环境营养结构。生态环境中生物要素的构成离不开生物多样性，它包括遗传多样性、物种多样性、生态系统多样性，这是生态系统稳定性的前提。

（2）非生物要素：包括物质基础（水、空气、矿物质等）、能量流动（太阳能输入、热力学梯度等）、空间结构（地形地貌、地理区位等）三个方面。非生物要素中的每个成分相互作用，是生态环境不可或缺的部分，它们共同为生物提供了生存的基础和条件，形成了复杂的生态环境，为生物提供了多样化的生存空间和资源。

（3）人类活动要素：包括在农业、工业和服务业等生产领域的生产活动、城市建设与资源开发利用、交通运输污染排放、土地利用变更、消费与生活方式、政策和法规等干预行为。这些人类活动要素是人类活动的重要组成部分，对生态环境保护具有重要意义。它通过直接或间接的方式影响着生态环境，其影响程度取决于活动的规模、方式和管理措施。

（三）生态环境的特性

生态环境是一种复杂的动态复合系统，具有多种特性，这些特性相互作用，共同决定了其结构和功能的稳定性和动态变化。生态环境的特性大致可以分为以下四类。

1.整体性和层次性

（1）整体性：生态环境是一个有机的整体，各个组成部分相互联系、相互作用，共同构成了一个完整的生态系统。例如，植物通过光合作用为生态系统提供能量，动物通过摄食植物或其他动物获取能量，微生物则分解有机物，释放营养物质供植物吸收。

任何一个环节的变化都可能影响整个系统的功能。

（2）层次性：生态环境具有多层次的结构，从微观到宏观可以分为不同的层次，主要包括个体、种群、群落、生态系统、生物圈五个层次。个体指单个生物体；种群指同一物种的个体集合；群落指多种生物种群的集合；生态系统指生物群落与非生物环境相互作用的系统；生物圈指地球上所有生态系统组成的整体。每个层次都有其独特的功能和相互作用方式，同时又受到更高层次的调控和更低层次的支持。

2. 动态性和稳定性

（1）动态性：生态环境是一个动态的系统，其结构和功能会随着时间、空间和外部条件的变化而变化。例如，季节变化会导致生态系统中生物的活动规律和资源分配发生变化；气候变化则可能影响生态系统的分布和稳定性。生态系统通过自我调节机制，如种群数量的波动、物种的迁徙和替代等方面来适应这些变化。

（2）稳定性：生态环境尽管具有动态性，但在一定条件下，它能够保持相对稳定的状态。这种稳定性来源于生态系统内部的自我调节能力。例如，当生态系统受到干扰时，系统内部的调节机制会通过负反馈作用来恢复平衡；当某种植物数量过多时，其天敌的数量可能会增加，从而抑制该植物的过度生长。生态系统中存在多种物种和功能，当某些物种或功能受到损害时，其他物种或功能可以替代其作用，维持系统的稳定性。

3. 适应性和脆弱性

（1）适应性：生态环境具有适应性，能够通过生物的进化和生态系统的演变来适应环境变化。例如，物种通过自然选择和遗传变异适应新的环境条件，生态系统则通过物种的更替和功能的调整来适应气候变化或人类活动的影响。

（2）脆弱性：生态环境具有一定的稳定性和自组织能力，在某些情况下，它也可能表现出脆弱性。例如，生态系统可能对某些极端环境变化，如气候变化、污染或人类活动的过度干扰非常敏感，一旦超过其承载能力，可能会导致生态系统的结构和功能崩溃，甚至产生不可逆的退化。

4. 开放性和服务性

（1）开放性：生态环境是一个开放系统，与外界不断进行物质、能量和信息的交换。一是生态系统通过光合作用吸收太阳能，并通过呼吸作用释放能量；二是生态系统中的生物通过迁徙、种子传播等方式与其他生态系统进行物质和基因的交流。这种开放性使得生态系统能够适应外部环境的变化，并通过与其他系统的相互作用获取资源。

（2）服务性：生态环境为人类和其他生物提供了多种生态服务。一是生态环境为人类和其他生物提供了食物、水、阳光、树木等资源的供给服务；二是生态环境为人类和其他生物提供了调节服务，包括调节气候、净化空气、保持水土、调节洪水等；三是生态环境为人类和其他生物提供了美学、文化和精神价值方面的文化服务；四是生态环境为人类和其他生物提供了维持生物多样性和生态系统稳定性的支持服务。这些服务既是人类生存和发展的重要基础，也是生态系统价值的重要体现。

由此可见，人类活动的过度干扰可能会破坏生态系统的平衡，因此，保护生态环境、促进其可持续发展是人类的重要责任。

二、生态环境志愿服务的基本概念

（一）生态环境志愿服务的定义

生态环境志愿服务是志愿者、志愿服务组织等多元主体基于生态文明理念、环境保护意识与公益精神，以非营利性、自愿性为原则，以无偿的方式，通过系统性、专业化等多种形式的环保实践活动参与环境治理，促进生态文明建设的志愿服务活动。其本质是构建政府、市场、社会协同共治的环境治理共同体，核心在于激发公众生态责任意识，将个体环保行为转化为集体行动。生态环境志愿服务通过实际行动减少对自然环境的破坏，促进生态系统的恢复和保护；通过教育和宣传，加深公众对生态环境保护的认知和关注，提升公众环保意识，推动全社会形成绿色生活方式；通过志愿服务活动，推动生态文明理念的传播和实践，促进生态文明建设，促进社会的可持续发展。

（二）生态环境志愿服务的内涵特征

生态环境志愿服务的内涵特征包括价值公共性、行动专业性和机制创新性。

（1）价值公共性：以修复生态损伤、维护环境正义为根本导向，服务内容涵盖污染防治、生物多样性保护、低碳生活推广等公共领域。

（2）行动专业性：区别于传统志愿活动的简单劳动，强调生态环境科学知识科普与应用（如生态监测技术）、政策倡导能力（如环境监督）及跨领域协作（政社企联动）。

（3）机制创新性：依托数字化平台构建志愿服务网络，创建"时间银行""碳积分"等激励模式，破解志愿行为可持续性难题。

（三）生态环境志愿服务的实践范畴

生态环境志愿服务的实践范畴主要包括生态修复类、教育倡导类、防污治理类、应急响应类四大内容。

（1）生态修复类：主要指参与自然保护区、湿地、森林等生态系统的保护活动，如植树造林、湿地保护、野生动物保护等自然系统维护活动。

（2）教育倡导类：通过讲座、培训、展览等形式，向公众普及生态环境保护知识，增强公众的环保意识，如环保科普、绿色社区营造等活动。

（3）防污治理类：主要指参与大气、水、土壤等污染防治活动，如污染源排查、垃圾分类宣传、河流清理、空气污染监测等。

（4）应急响应类：通过参与生态系统重建等项目的建设和推广，促进生态环境的可持续发展，如生态灾害救援、濒危物种保护等生态危机的干预。

这四类生态环境志愿服务既包括实体空间的环境改善，也涉及生态环境虚拟场域的价值传播，形成"线下行动—线上互联"的立体化参与网络。

三、生态环境志愿服务的理论基础

生态环境志愿服务的理论基础，是以习近平生态文明思想为核心，主要包括社会治理理论、公众参与理论、可持续发展理论等方面，强调志愿服务不仅是个人道德体现，更深度契合人与自然和谐共生的内在规律和本质要求。

（一）习近平生态文明思想

中国共产党是世界上第一个把"生态文明"上升到治国理政层面、提出要建设生态文明的政党。[①] 2012 年 11 月，党的十八大将生态文明建设纳入"五位一体"总体布局，并上升为推进中国特色社会主义事业的一部分，生态文明建设的地位大幅度提升。2018 年 5 月，党中央召开全国生态环境保护大会，正式提出习近平生态文明思想。习近平生态文明思想系统阐释了人与自然、保护与发展、环境与民生、国内与国际等关系，就其主要方面来讲，集中体现为"十个坚持"。2023 年 7 月，党中央时隔 5 年再次召开全国生态环境保护大会[②]，习近平总书记在会上用"四个重大转变"概括了新

---

① 钱海 . 生态文明与中国式现代化 [M]. 北京：中国人民大学出版社，2023：3.
② 中共中央宣传部，中华人民共和国生态环境部 . 习近平生态文明思想学习问答 [M]. 北京：学习出版社，人民出版社，2025：3.

时代生态文明建设的巨大成就①，创造性提出了新征程推进生态文明建设必须处理好的"五个重大关系"②，系统部署全面推进美丽中国建设的战略任务和重大举措③，丰富发展了习近平生态文明思想。从理论层面看，习近平生态文明思想是习近平新时代中国特色社会主义思想的重要组成部分。"十个坚持""四个重大转变""五个重大关系"，系统阐释了推进新时代生态文明建设的根本保证、历史依据、基本原则、核心理念、宗旨要求、战略路径、系统观念、制度保障、社会力量、全球倡议等一系列重大理论与实践问题，标志着我们党对社会主义生态文明建设的规律性认识达到新的高度和新的境界，必须长期坚持并在实践中不断丰富发展。④全面准确地理解和弄通习近平生态文明思想，有助于更好地推进绿色发展，实现中国的绿色崛起。从实践层面看，以习近平同志为核心的党中央以前所未有的力度抓生态文明建设，坚持绿水青山就是金山银山的理念，坚持山水林田湖草沙一体化保护和系统治理，全方位、全地域、全过程加强生态环境保护，我国生态环境保护发生历史性、转折性、全局性变化。⑤作为马克思主义生态观中国化的最新成果，习近平生态文明思想不仅为我国生态环境志愿服务指明了方向，将宏观治理目标转化为可操作的日常行动，还通过制度化实践形成了可持续发展的长效机制，为全球生态文明建设提供了中国智慧、中国方案、中国力量。

（二）社会治理理论

守护生态是造福人民、泽被子孙的事业。生态环境一旦被破坏，就很难在短期内恢复，且治理代价高昂。领导干部必须坚持从实际出发，把脉群众需求，倾听群众呼声，不务虚功、不图虚名，敬畏人民、敬畏组织、敬畏法纪，做到慎重决策、为民用权，真正把工作做到人民群众的心坎上。⑥"社会治理"概念是由传统"治理"术语演化而来。当代社会治理以公共服务均等化和公平正义为核心，通过引入多元主体协同机制缓解政府财政压力；通过构建公私部门权责对等机制，激发市场组织和社会团体自主性并强化公共责任。这种治理方式既能体现管理效能的最大化，又注重政策制定与执行过

---

① 中共中央宣传部，中华人民共和国生态环境部．习近平生态文明思想学习问答 [M]．北京：学习出版社，人民出版社，2025：13.
② 中共中央宣传部，中华人民共和国生态环境部．习近平生态文明思想学习问答 [M]．北京：学习出版社，人民出版社，2025：24.
③ 中共中央宣传部，中华人民共和国生态环境部．习近平生态文明思想学习问答 [M]．北京：学习出版社，人民出版社，2025：3.
④ 同①。
⑤ 中共中央宣传部，中华人民共和国生态环境部．习近平生态文明思想学习问答 [M]．北京：学习出版社，人民出版社，2025：78.
⑥ 中共中央宣传部，中华人民共和国生态环境部．习近平生态文明思想学习问答 [M]．北京：学习出版社，人民出版社，2025：46.

程中的程序正义。

社会治理理论的核心在于强调多元主体协同共治的理念。[①]该理论突破了传统政府主导的单一管理模式，主张政府、市场、社会组织及公众共同构成治理网络，通过资源整合与协作机制推动公共事务的有效解决。生态环境问题通常具有跨域性、复杂性和长期性特征，单靠行政力量难以实现长效治理。生态环境志愿服务作为社会力量的重要组成部分，能够通过各类社会组织机构参与填补政府治理的缝隙，形成多元互补的治理格局。

社会治理理论中的公共价值导向为生态环境志愿服务提供了根本遵循。习近平总书记指出，要建立健全以生态价值观念为准则的生态文化体系，弘扬生态文明主流价值观，倡导尊重自然、爱护自然的绿色价值观念，培养热爱自然、珍爱生命的生态意识，积极培育生态文化、生态道德，让天蓝地绿水清深入人心，让生态文化成为全社会共同的价值理念。[②]生态文明建设是关系民生福祉的重大社会问题。生态环境治理本质上是追求生态福祉最大化的公共价值创造过程，通过动员公众参与生态环境志愿服务，将个体环保意识转化为集体行动，进而推动形成良好的社会规范。这种自下而上的参与机制，不仅拓展了生态治理的实践路径，更通过公共价值导向推动全社会树牢社会主义生态文明价值观。

社会治理理论中的弹性原则为生态环境志愿服务增添了动态适应性。志愿服务组织在河湖保护、生态恢复等场景中，既能灵活开展社区宣教、生态监测等实践，又能通过大数据平台构建社会监督网络，形成"政府规制—志愿补充—技术赋能"的协同机制。这种创新性探索实质上是社会治理理论中弹性原则的具体应用，有助于激发社会资本活力，推动环境治理从末端处置转向源头预防的良性循环。

（三）公众参与理论

保护生态环境人人有责。在建设生态文明的道路上，习近平总书记深刻指出，每个人都是生态环境的保护者、建设者、受益者，没有哪个人是旁观者、局外人、批评家。[③]《中华人民共和国环境保护法》规定"一切单位和个人都有保护环境的义务"，明确公众具有环境参与权、监督权等。公众参与理论强调公民或团体在公共事务中的积极

---

① 李汉卿.协同治理理论探析 [J]. 理论月刊，2014（1）：138-142.
② 中共中央宣传部，中华人民共和国生态环境部.习近平生态文明思想学习问答 [M].北京：学习出版社，人民出版社，2025：199.
③ 中共中央宣传部，中华人民共和国生态环境部.习近平生态文明思想学习问答 [M].北京：学习出版社，人民出版社，2025：206.

作用，涉及立法、公共决策和公共治理等多个层面。公众参与理论为生态环境志愿服务提供了系统性理论支撑，其核心在于强调社会成员在环境治理中的主体地位与实践价值，具体体现在以下三个方面。

第一，公众参与理论主张公民享有环境知情、参与和监督等法定权利，这为志愿服务参与环境治理提供了法理依据。生态环境志愿服务通过组织化行动，将分散的公民环境权转化为集体实践，形成环境治理的民主化路径。

第二，公众参与理论揭示政府与公众在环境治理中的信托关系，即委托—代理关系，志愿服务通过搭建社会监督网络，既能弥补行政监管盲区，又能推动环境政策落地，这正是公众参与理论中社会力量补充政府职能的实践印证。

第三，公众参与理论强调程序正义与参与渠道建设，生态环境志愿服务通过听证会、社区议事等制度化平台，将个体环保意识转化为可持续行动。2021 年 6 月，《关于推动生态环境志愿服务发展的指导意见》明确志愿服务涵盖理论宣讲、监督、实践等领域，其制度建构本质是对公众参与理论中"权利—义务"平衡机制的政策响应。

（四）可持续发展理论

习近平总书记明确指出："人类是命运共同体，保护生态环境是全球面临的共同挑战和共同责任。"2013 年，联合国环境规划署理事会会议通过了推广中国生态文明理念的决定草案；2016 年，联合国环境规划署发布《绿水青山就是金山银山：中国生态文明战略与行动》报告，首次以联合国政府间组织视角向世界介绍中国生态文明理念与实践；2019 年 9 月，COP15 主题发布，定为"生态文明：共建地球生命共同体"，这是联合国首次以生态文明为主题召开全球性会议，彰显了习近平生态文明思想鲜明的世界意义。[1]我国始终坚定不移地参与全球可持续发展。可持续发展是指既满足当代人的需要，又不对后代人满足其需要的能力构成危害的发展。可持续发展理论的最终目的是达到共同、协调、公平、高效、多维的发展。这一概念最早在 1987 年《我们共同的未来》报告中提出，后被联合国等国际组织广泛采纳。[2]

可持续发展理论是生态环境志愿服务的重要理论基础。一是可持续发展理论强调"满足当代需要而不损害后代发展能力"的核心要义，这一伦理要求与志愿服务"利他性""未来导向"特征高度契合，生态环境志愿服务通过植树造林、生态修复等活

① 中共中央宣传部，中华人民共和国生态环境部. 习近平生态文明思想学习问答 [M]. 北京：学习出版社，人民出版社，2025：220-221.
② 牛文元. 中国可持续发展的理论与实践 [J]. 中国科学院院刊，2012，27（3）：280-289.

动，将代际公平理念转化为具体实践，在当代行动中为子孙后代留存生态资本；二是可持续发展理论将经济、社会、环境视为有机整体，生态环境志愿服务通过搭建"公众参与—技术应用—政策响应"的协同网络，有效连接个体环保行为与宏观治理体系；三是可持续发展理论提出的"生态优先、绿色发展"原则，为志愿服务提供了从意识到行动的操作框架。生态环境志愿服务通过推广清洁能源技术、组织低碳出行等具体实践，推动生产生活方式绿色转型。这种"微行动—大变革"的模式，正是可持续发展理论中实现生态环境质量改善由量变到质变的关键，也是积累成功经验和持续向好的基础。

第二节　生态环境志愿服务的特征与功能

建设生态文明，关系人民福祉，关乎民族未来。党的十八大以来，生态文明建设被纳入中国特色社会主义事业"五位一体"总体布局，成为国家治理体系现代化的重要维度。作为社会力量参与生态文明建设的关键载体，生态环境志愿服务通过整合公众力量、创新治理模式，逐渐从边缘补充转向系统化支撑，呈现出多种特征，在生态文明建设中发挥着不可替代的功能。

一、生态环境志愿服务的特征

生态环境志愿服务不仅要参与生态环境实践活动，提出环境问题的解决方案，更是为了提升全民的生态环境素养、传播先进的生态文化、培育生态公民、满足人民群众的美好生活需要、保障生态环境权益所形成的公共环境产品和服务。因此，生态环境志愿服务具有以下特征。

（一）公益性特征

生态环境志愿服务的核心特征是公益性，即以保护和改善生态环境为目标，服务于公共利益，而非追求个人或组织的经济利益。公益性是生态环境志愿服务的根本属性，也是其区别于其他形式活动的重要标志。

生态环境志愿服务的出发点是解决环境问题，改善生态质量，从而惠及全社会。无论是应对全球变暖，还是物种保护，都直接或间接地促进了公共环境的改善，提升了社会福祉。生态环境志愿服务通常由志愿者自愿参与，而非商业利益驱动，活动资金多来源于捐赠或公益基金。这种非营利性使生态环境志愿服务能够更加专注于环境

问题的解决，而不受经济利益的影响。公益性还体现在志愿者对社会责任的承担上。许多志愿者参与生态环境服务，是出于对环境保护的责任感和使命感，他们希望通过自己的行动，为子孙后代留下一个更加美好的地球。中国志愿服务研究中心的调查显示，生态文明志愿服务是公众志愿服务意愿的第二位选择。从实际参与情况来看，生态环境志愿服务队伍不断壮大，越来越多的普通人加入生态环境志愿服务行列，化身"民间河长""生态卫士""环保守夜人"，主动参与和践行生态环境志愿服务。2022 年，有超四成受访者参加过生态环境志愿服务，其中参加过 1 ~ 2 次的人数占比为 27.4%，参加过 3 次及以上的占比为 15.9%[①]。

（二）多元性特征

生态环境志愿服务的多元性体现在参与主体的多样性和活动形式的丰富性。这种多元性使得生态环境志愿服务能够覆盖更广泛的领域，吸引更多的人群参与。2023 年人民群众对生态环境的满意度超过了 91%，从地方看，杭州市连续 18 年获"中国最具幸福感城市"称号，生态环境成为关键的"绿色密码"。[②]

生态环境志愿服务的参与者包括个人、社会组织、企业、学校、政府机构等。不同主体的参与为志愿服务带来了不同的资源和视角，形成了多元化的合作模式。例如，企业可以提供资金和技术支持，学校可以组织学生参与环保实践，政府可以提供政策支持和协调资源。

生态环境志愿服务的形式多种多样，包括宣传教育、生态保护、污染治理、社区服务等。例如，志愿者可以通过举办环保讲座、制作宣传材料来提升公众的环保意识，也可以通过植树造林、垃圾分类等实际行动来改善环境质量。

生态环境志愿服务不仅在本土开展，还常常跨越国界，形成国际性的合作。例如，全球范围内的应对气候变化行动、跨国河流保护项目等，都体现了生态环境志愿服务的多元性和全球视野。

（三）公平性特征

生态环境志愿服务具有显著的公平性特征，体现在对环境正义的追求和对社会平等的促进上。公平性是生态环境志愿服务的重要价值导向，也是其赢得社会信任和支持的关键。

---

① 郭红燕，王漩 . 加快推动我国生态环境志愿服务高质量发展 [J]. 中华环境，2024（10）：24-26.
② 中共中央宣传部，中华人民共和国生态环境部 . 习近平生态文明思想学习问答 [M]. 北京：学习出版社，人民出版社，2025：36.

生态环境志愿服务关注环境问题对社会弱势群体的影响，致力于推动环境正义。例如，在一些环境污染严重的地区，志愿者会帮助居民争取合法权益，推动污染治理，确保所有人都能享有清洁的环境。生态环境志愿服务为不同背景的人群提供了平等的参与机会。无论是学生、上班族，还是退休人员，都可以通过志愿服务为环境保护贡献力量。这种平等性不仅体现在参与机会上，也体现在志愿服务对社会的积极影响上。生态环境志愿服务在资源分配上注重公平性，确保资源能够流向最需要的地方。例如，在一些生态脆弱地区，志愿者会优先开展保护行动，帮助当地居民改善生活环境。生态环境志愿服务还关注全球范围内的环境公平问题。例如，在气候变化问题上，志愿者会呼吁发达国家承担更多责任，帮助发展中国家应对环境挑战。

（四）实践性特征

生态环境志愿服务具有鲜明的实践性特征，强调通过实际行动解决环境问题，而非仅仅停留在理论或口号层面。实践性是生态环境志愿服务的生命力所在，也是其能够产生实际效果的关键。

生态环境志愿服务以解决具体环境问题为目标，注重实际行动。例如，志愿者会直接参与荒漠化治理、保护濒危物种等行动，这些行动能够直接改善环境质量。生态环境志愿服务注重行动的实际效果，而非形式主义。例如，在环保宣传中，志愿者会通过互动式活动让公众真正理解环保的重要性，而不是简单地发放宣传材料。生态环境志愿服务通常针对具体的环境问题展开，具有明确的针对性和可操作性。例如，在城市，志愿者会关注垃圾无害化处理问题；在农村，志愿者会关注农药污染问题。生态环境志愿服务的实践性还体现在其长期性和持续性上。环境保护是一个长期的过程，志愿服务也需要持续开展，才能产生深远的影响。

（五）教育性特征

生态环境志愿服务具有显著的教育性特征，通过活动提升公众的环保意识和能力，推动社会形成绿色生活方式。教育性是生态环境志愿服务的重要功能，也是其实现长远目标的关键。

生态环境志愿服务通过宣传教育，帮助公众认识到环境问题的严重性和紧迫性，从而激发他们的环保意识。例如，通过举办展示分享等活动，志愿者可以向公众传递环保知识。生态环境志愿服务还注重培养公众的环保技能。例如，在植树活动中，志愿者会指导参与者如何科学种植树木。生态环境志愿服务通过倡导绿色生活方式，引导公众形成正确的环境价值观。例如，志愿服务会鼓励公众选择低碳出行方式等。生

态环境志愿服务特别注重对青少年的教育，通过学校、社区等渠道开展环保活动，培养下一代的环保意识和责任感。

二、生态环境志愿服务的主要功能

生态环境志愿服务对社会进步具有重大推动作用，尤其对于经济发展、文化繁荣、政治参与、社会和谐、环境美好都具有无法替代的功能。生态环境志愿服务作为志愿服务的重要组成部分，除了具有志愿服务的一般性功能外，也因其独特的属性而具有更为独特的社会及环境功能。志愿服务催生的生态文化已经成为社会的新风尚，生态环境志愿服务则在其中发挥了极其重要的作用。生态环境志愿服务的功能，主要体现在社会动员、推进建设、补充短板、解决问题、促进成长这五个方面。

（一）社会动员功能

生态环境志愿服务通过广泛动员社会力量，形成政府、企业、公众协同参与的治理网络。以社区、学校、企业等为载体，组织垃圾分类宣传、低碳生活倡导等活动，激发公众主动参与意识。例如，通过"社区碳汇"项目引导居民践行绿色消费等低碳行为，推动环保理念转化为日常实践。强化社会组织纽带作用，通过整合党群服务中心、新时代文明实践中心等资源，建立"党建引领＋居民共治"的基层治理模式，提升社会动员效率。例如，通过志愿队伍招募和培训，培育专业化服务力量，形成可持续参与机制。志愿服务联合企业、科研机构开展环境教育和技术推广，如依托高校资源开发生态保护课程，提高社会各界的协同治理能力。

（二）推进建设功能

生态环境志愿服务是生态文明价值落地的重要载体。通过科普讲座、生态教育基地体验等活动，传播生态文明理念，增强公众对"人与自然和谐共生"的认同感。例如，结合气候变化教育课程提升公众对碳达峰、碳中和的认知。志愿服务探索基层治理新模式，推动政策实施创新，如将环保要求融入社区公约，形成"微治理"经验，为政府完善环境治理体系提供参考。联合企业推广节能设备、循环利用技术，促进绿色技术应用，如在社区试点雨水收集系统，推动资源节约型社会建设。加速生态文明从理论到实践的转化，推进绿色低碳发展目标实现。

（三）补充短板功能

生态环境志愿服务在环境治理体系中发挥着填补政府与市场治理空白、优化资源配置的重要作用。通过志愿者日常巡查发现隐蔽污染源，弥补政府监管盲区，协助监管部门扩大执法覆盖范围。推动企业履行环保责任，优化市场机制效能，如组织"绿色供应链"志愿培训，帮助企业改进生产工艺，降低环境合规成本。整合闲置物资用于环保项目，盘活社会资源，如将废旧电子产品改造为科普教具，促进环境治理成本下降，提高资源利用效率。

（四）解决问题功能

生态环境志愿服务通过实践行动与技术支撑，成为解决环境问题的重要补充力量。参与生态修复实践，组织湿地保护、河道清理等活动，改善局部生态环境质量。志愿者参与空气、水质监测，为政府决策提供数据支撑。通过巡查工业污染源、举报违法行为，推动环境执法效能提升。倡导低碳生活方式，开展节能降耗宣传，推广绿色出行和垃圾分类，减少个人碳排放。

（五）促进成长功能

生态环境志愿服务为个人参与生态保护提供发展机遇。志愿服务通过监测技术培训、生态修复实践等，提升公众科学认知和实操能力，培养公众环保素养。例如，湿地保护志愿者在开展生物多样性相关调研的社会实践中，可直接或间接增强本人和其他参与者监督污染的法治意识和社会使命，从而提升公众的社会责任感。生态环境志愿者通过日常专业化的志愿服务学习实践经历，可以拓展未来的职业发展路径。

第三节　生态环境志愿服务的发展历程

生态环境志愿服务作为生态文明建设的重要实践形式，既是公众参与生态环境保护治理的桥梁和纽带，也是推动人与自然和谐共生的关键力量。从 20 世纪 50 年代的义务植树到现今的应对全球变暖、保护生物多样性，我国生态环境志愿服务领域日益扩展，生态文明志愿服务队伍不断壮大。长期以来，生态环境志愿服务的民间力量持续发展，是志愿服务领域发端较早、社会基础较好的一支中坚力量。[①] 自 20 世纪 50 年代起步以来，中国生态环境志愿服务经历了从分散活动到体系化发展的转变，随着生态文明建设的不断推进深化，中国生态环境志愿服务发展历程大致可划分为三个阶段。

[①] 生态环境部志愿服务发展报告（2022—2023）[EB/OL].（2024-08-16）[2025-03-18]. https://www.cklxshzl.com/h-nd-467.html.

一、萌芽起步阶段（1956 年起始）

生态环境志愿服务的雏形始于 20 世纪 50 年代的义务植树活动。这一时期以政府主导的群众性环保行动为主，部分民间环保志愿者开始自发组织保护行动，在我国正式拉开帷幕后，短时期内就取得了许多突破性的进展，为初步促进公众参与生态保护的行动发挥了重要奠基作用。

（一）全民义务植树运动

全民义务植树运动开创了一项具有中国特色的全社会参与的国土绿化行动，成为我国生态环境志愿服务事业的开端[①]，也是中国特有的全民参与生态建设的重要实践。新中国成立后，我国开始初步探索大规模群众性植树活动。1956 年，毛泽东发出"绿化祖国"号召，启动了"12 年绿化运动"。为深入持久地动员全国人民一起参与植树造林，1979 年，第五届全国人民代表大会常务委员会第六次会议决定将每年 3 月 12 日设为"植树节"。 1981 年 12 月，第五届全国人民代表大会第四次会议通过《关于开展全民义务植树运动的决议》。1982 年 2 月，国务院发布《关于开展全民义务植树运动的实施办法》。2003 年 6 月，《中共中央　国务院关于加快林业发展的决定》印发，进一步强化义务植树的法律地位，推动植树造林类志愿服务规模化发展。中国植树运动始于革命根据地时期的群众动员，经政策制度化后发展为全球最大规模的生态治理行动，其历史体现了政府主导与群众参与的结合，也反映了从"强制义务"向"自觉行动"的社会转型需求。义务植树运动不但显著提升了国土绿化水平，提高了防洪减灾能力，还增强了公众环保意识，为当代志愿服务和生态文明建设提供了实践范本。中国义务植树的规模与成效也被国际社会广泛关注，成为全球生态治理的典型案例。

（二）《中华人民共和国环境保护法》

1979 年 9 月，第五届全国人民代表大会常务委员会第十一次会议通过《中华人民共和国环境保护法（试行）》，这是我国第一部综合性的环境保护基本法，该法首次将环境保护纳入法治轨道；1989 年 12 月，第七届全国人民代表大会常务委员会第十一次会议通过《中华人民共和国环境保护法》，其取代了试行法，进一步细化了环境保护的基本原则，并将环境定义为涵盖大气、水、土地、生物等自然与人工要素的总体；2014 年 4 月，第十二届全国人民代表大会常务委员会第八次会议修订通过新版《中

---

① 生态环境部志愿服务发展报告（2022—2023）[EB/OL].（2024-08-16）[2025-03-18]. https://www.cklxshzl.com/h-nd-467.html.

华人民共和国环境保护法》，自 2015 年 1 月 1 日起施行，新版以保护和改善环境、防治污染、保障公众健康为核心目标，推动经济社会可持续发展，强调保护环境是国家的基本国策，强化地方政府环境质量责任制，并将生态文明建设明确为立法目标，为《中华人民共和国水污染防治法》《中华人民共和国大气污染防治法》等后续专项立法奠定了基础，同时促进了生态环境志愿服务和公益诉讼的发展。《中华人民共和国环境保护法》的制定与修订，标志着环境治理从行政命令转向法治化，体现了我国对生态环境问题的逐步重视与法治化进程。从 1979 年试行到 2015 年新法实施，其演变历程既是环境治理需求的反映，也是国家治理能力现代化的缩影，同时为全球环境治理提供了中国经验。

（三）民间环保组织——自然之友

自然之友（Friends of Nature）成立于 1993 年，是中国成立最早的全国性民间环保组织之一。其愿景为"在人与自然和谐的社会中，每个人都能分享安全的资源和美好的环境"。截至 2025 年，全国累计注册志愿者超 3 万人，月度捐赠人超 6000 人，覆盖 22 个地方会员小组，形成了庞大的环保行动网络。组织的核心工作领域包括环境法律和政策倡导，涵盖水污染、大气污染、生态破坏等议题，典型案例包括云南曲靖铬渣污染案（中国首例民间环境公益诉讼）和福建南平生态破坏案。自然之友通过政策倡导，深度参与《中华人民共和国环境保护法》《中华人民共和国大气污染防治法》等法律修订，推动环境信息公开及公众参与机制[1]；推动低碳实践，发起"我为城市量体温"活动，推动公共场所空调温度控制[2]；开展垃圾治理，倡导"前端减量"与"干湿分类"，推动社区零废弃试点，联合企业探索循环经济模式；开展长江珍稀鱼类栖息地保护、北京槭叶铁线莲生境修复等生物多样性保护项目；建立"蓝天实验室"，研究雾霾防护方法；组织"清河调研"监测水污染，推动公众科学参与。自然之友在全国建立了 18 个地方行动小组，覆盖北京、深圳、武汉、杭州等地，通过特色活动推动在地环保实践。先后荣获"亚洲环境奖""地球奖""拉蒙·麦格赛赛奖"等 20 余项国内外奖项。2009 年入选"壹基金典范工程"[3]。自然之友在 2001 年后持续发力，2005 年发起"低碳家庭实验室"项目，通过 42 户试点家庭实现节能 30%，并推广至全国社区；2004 年沱江污染事件与 2005 年松花江水污染事件引发公众对工业污染的广泛

---

① 自然之友简介 [EB/OL].（2009-03-19）[2025-03-19]. http://sports.cctv.com/yundong/20090319/104272.shtml.
② 第 37 期：自然之友 [EB/OL].[2025-03-19]. http://society.people.com.cn/GB/8217/241699/369312/index.html.
③ 同①。

关注，该组织志愿者不但推动环境公益诉讼，还积极参与污染调查与受害者援助；他们倡导自然教育，成立"盖娅自然学校"，开展自然体验师培训、无痕山林（LNT）课程、亲子自然营等活动，覆盖超 1000 所学校。自然之友以"真心实意，身体力行"为核心理念，通过法律倡导、教育实践和公众动员，成为中国民间环保的标杆组织。其行动不仅改善了局部生态环境，更培育了绿色公民文化，为全球环境治理提供了"自下而上"的中国经验[①]。

二、深化探索阶段（2000 年起始）

2000—2016 年是生态环境志愿服务从"政府主导"向"社会协同"转型的关键期，此阶段通过政策引导、环境事件驱动与民间组织创新共同塑造了中国生态环境志愿服务的多元形态，并逐渐融入国家生态建设战略。2006 年第六次全国环境保护大会提出"三个转变"，强调公众参与环境治理，为志愿服务提供政策支持[②]；2008 年 8 月，《关于深入开展全民节能行动的通知》发布，倡导低碳生活，激发了社区节能志愿服务热潮；2010 年上海世博会期间，全球环保组织联合开展"城市最佳实践区"志愿服务，展示生态社区案例；2010 年后，社交媒体（如微博、微信）成为环保志愿活动的主要动员平台，如 2013 年"北京空气污染行动网络"在线上组织 $PM_{2.5}$ 监测志愿团队；2012 年，党的十八大报告提出"广泛开展志愿服务""加大自然生态系统和环境保护力度"；2015 年，蚂蚁森林项目上线，将个人减碳行为与植树志愿活动结合，形成"线上积分—线下造林"的创新模式。通过生态环境志愿服务开拓国际舞台，自《巴黎协定》签署后，国内环保社会组织与国际机构合作开展气候教育项目，培养青年志愿者参与碳减排行动。此阶段为后续制度化，如 2017 年国务院公布的《志愿服务条例》奠定了基础，也为全球环境治理贡献了中国特色的公众参与经验。

（一）中华环保世纪行宣传活动

中华环保世纪行宣传活动始于 1993 年，由全国人大环境与资源保护委员会会同中宣部、财政部、水利部等共 14 个部门组织，形成"立法监督＋行政推动＋媒体传播"的联动模式，强化政策宣导与执行监督，推动环境资源法律法规的落实，提升全民生态意识，是我国持续时间最长、影响力最广的环境保护宣传品牌之一。活动每年围绕

---

① 自然之友简介 [EB/OL].（2009-03-19）[2025-03-19]. http://sports.cctv.com/yundong/20090319/104272.shtml.
② "30 年来十大环保事件和十大环保贡献人物"揭晓 [EB/OL].（2008-12-14）[2025-03-19]. http://www.pubchn.com/ecology/show.php?itemid=11370.

国家生态治理重点确定主题，组织中央媒体进行深度采访报道。1993—2000 年，主题聚焦污染防治与资源保护，如"向环境污染宣战""保护生命之水""爱我黄河"等；2001—2016 年，主题逐步转向生态文明与可持续发展，呼应国家战略转型，如"推动节能减排，促进人与自然和谐""大力推进生态文明，努力建设美丽中国"等；2020 年至今，主题聚焦深化黄河流域生态保护和高质量发展，融合生态保护与文化遗产传承，如"贯彻习近平生态文明思想，推动黄河保护法全面实施"等。中华环保世纪行宣传活动通过 30 余年的实践，成为我国生态文明建设的重要活动。

（二）六五环境日

1972 年 10 月，第 27 届联合国大会通过了联合国人类环境会议的建议，规定每年的 6 月 5 日为"世界环境日"，要求联合国机构和世界各国政府、团体在每年 6 月 5 日前后举行保护环境、反对公害的各类活动。联合国环境规划署公布每年的世界环境日主题，各国政府可以制定本国特色的主题。

2014 年 4 月，第十二届全国人民代表大会常务委员会第八次会议修订通过的《中华人民共和国环境保护法》明确规定每年 6 月 5 日为环境日，进一步强调其法律地位。我国环境日主题紧密契合国家生态战略，反映不同时期的环保重点。2004—2010 年，主题聚焦污染防治与公众参与启蒙，如"人人参与 创建绿色家园""绿色奥运与环境友好型社会""低碳减排·绿色生活"等；2011—2017 年，主题转向生态文明与绿色发展，如"共建生态文明，共享绿色未来""同呼吸，共奋斗""绿水青山就是金山银山"等；2018 年起，生态环境部、中央文明办、教育部、共青团中央、全国妇联等五部门首次联合开展"美丽中国，我是行动者"主题实践活动，每年推选百名最美生态环保志愿者、十佳公众参与案例，有效动员社会各方面力量；2020 年首次推出主题标识、主题歌及吉祥物"小山、小水"，形成统一视觉体系；2021—2024 年，主题聚焦生态治理系统性转型，推动公众从"旁观者"向"参与者"转型，如"人与自然和谐共生""共建清洁美丽世界""建设人与自然和谐共生的现代化""全面推进美丽中国建设"等，深化全民行动，强调系统性生态治理与高质量发展。

（三）公众环境研究中心

公众环境研究中心（Institute of Public and Environmental Affairs，IPE）作为非营利性环境保护智库，自 2006 年成立以来，始终聚焦环境信息系统的构建与优化。该机构通过系统整合与深度解析政企环境数据，构建了包含云端数据库、数字化服务平台（蔚蓝地图网站及 App）的环境数据矩阵。其核心价值在于将海量环境信息转化为决策支

持工具，为可持续采购决策、生态金融创新及政府环境监管提供数据支撑。通过联动政企社研多元主体，该中心已推动数百家企业实施清洁生产改造，其创新实践不仅加速了污染治理进程与低碳理念普及，更构建了环境信息披露的标准化体系，形成了公众监督参与和环境协同治理的创新模式。

（四）"保护母亲河"行动

"保护母亲河"行动是一项由共青团中央、全国绿化委员会、水利部、原国家林业局、中国青少年发展基金会共同发起和组织开展的以保护哺育中华民族的母亲河为主题，引导亿万青少年全方位参与生态环境保护和建设的大型社会性公益活动，旨在保护黄河、长江等主要江河流域的生态环境。该行动于 21 世纪初启动，通过兴建绿色工程、开展宣传教育活动、筹集保护基金等方式，推进生态环境的保护和建设，倡导绿色文明意识和可持续发展意识。2000—2003 年，实施绿色工程建设，在黄河、长江等流域建设 100 万亩①以上的绿色工程和流域综合治理工程，通过围绕大江大河流域的生态环境保护，开展"保护母亲河行动周（日）"活动，利用植树节、世界地球日、环境日等重要节点，组织青少年和社会各界参与宣传教育、资金募集和治理保护实践活动。设立"保护母亲河行动——绿色希望工程基金"，通过多种方式募集资金，如"5 元捐植 1 棵树""200 元捐植 1 亩林"等，同时接受国家和地方政府的专项资金支持。"保护母亲河"行动不仅在生态环境保护方面取得了显著成效，还有效地组织动员同一个流域的青少年为同一条河，献同一份爱，在推动社会参与和提升公众环保意识方面发挥了重要作用，成为我国生态环境保护领域的一项重要社会行动。

三、制度创新阶段（2017 年起始）

2017 年至今，中国逐渐形成"法律约束＋规划引导＋社会协同"的立体化政策体系。党的十九大报告强调"推进志愿服务制度化""牢固树立社会主义生态文明观"；党的二十大报告提出"完善志愿服务制度和工作体系""推动绿色发展""必须牢固树立和践行绿水青山就是金山银山的理念"；党的二十届三中全会进一步提出"推动志愿服务体系建设""聚焦建设美丽中国""健全生态环境治理体系""促进人与自然和谐共生"。在此背景下，我国生态环境志愿服务事业稳步推进，生态环境志愿服务项目内容日益丰富、数量持续增长，已经成为各类社会主体参与生态文明建设的重要渠道②。当前，我国生态环境志愿服务事业已初具规模，并积累了较好的社会基础，在推动打好污染防治攻坚战、助力美丽中国建设等方面发挥了不可或缺的作用。据中国志愿服务网统计，截至 2024 年 4 月实名注册的生态环境志愿者人数超过 3500 万，生态环境志愿服务队伍 30 余万个，开展生态环境志愿服务项目 151 万多个，约占全国志愿服务项目总数的 15%③。

---

① 1 亩 ≈ 666.67 平方米。
② 郭红燕，王潋 . 加快推动我国生态环境志愿服务高质量发展 [J]. 中华环境，2024（10）：24-26.
③ 同②。

（一）生态环境相关政策制度

从 2017 年 8 月国务院公布《志愿服务条例》，到 2025 年 1 月生态环境部办公厅和中共中央社会工作部办公厅联合印发《"美丽中国，志愿有我"生态环境志愿服务实施方案（2025—2027 年）》，新时代生态环境志愿服务事业高质量发展的工作思路和方法路径不断明晰。

2017 年 10 月，中共中央办公厅、国务院办公厅印发《国家生态文明试验区（江西）实施方案》和《国家生态文明试验区（贵州）实施方案》，这是党中央、国务院总揽全国生态文明建设和改革大局作出的重大部署，对于全面提升试点省份生态文明建设水平具有重大而深远的意义。2018 年 6 月，生态环境部、中央文明办、教育部、共青团中央、全国妇联等五部门联合发布《公民生态环境行为规范（试行）》，旨在牢固树立社会主义生态文明观，推动形成人与自然和谐发展现代化建设新格局，强化公民生态环境意识，引导公民成为生态文明的践行者和美丽中国的建设者；2023 年 6 月，五部门联合发布新修订的《公民生态环境行为规范十条》。自 2019 年起，生态环境部环境与经济政策研究中心每年跟踪调查评估公民生态环境行为状况，并发布年度《公民生态环境行为调查报告》，通过开展系统科学、有针对性和代表性的调查，全面深入了解公众环境行为状况、人群特征及影响因素，更好地促进公众践行绿色生活方式和开展全民绿色行动，为环境管理决策提供支撑。2020 年 3 月，中共中央办公厅、国务院办公厅印发《关于构建现代环境治理体系的指导意见》，以强化政府主导作用为关键，以深化企业主体作用为根本，以更好动员社会组织和公众共同参与为支撑，实现政府治理和社会调节、企业自治良性互动，完善体制机制，强化源头治理，形成工作合力，为推动生态环境根本好转、建设生态文明和美丽中国提供有力制度保障。这为志愿者和志愿服务组织广泛参与环境治理提供了路径。同年，生态环境部举行"美丽中国，我是行动者"主题实践活动总结会，提出"十四五"期间要发展壮大生态环境志愿服务力量，建设省、市、县三级生态环境志愿服务队伍，有针对性地给予民间志愿服务组织政策和资金支持，打造流程化、机制化、可重复、能持续、易推广的志愿服务项目①。2021 年 2 月，生态环境部联合多部门印发《"美丽中国，我是行动者"提升公民生态文明意识行动计划（2021—2025 年）》，将"志愿服务行动"纳入"十四五"

---

① 生态环境部志愿服务发展报告（2022—2023）[EB/OL].（2024-08-16）[2025-03-18].https://www.cklxshzl.com/h-nd-467.html.

时期十大专项行动之一，为社会各界参与生态文明建设提供了榜样示范和价值引领。2021 年 6 月，生态环境部和中央文明办联合印发《关于推动生态环境志愿服务发展的指导意见》，明确了生态环境志愿服务工作的主要内容形式，为生态环境志愿服务工作的深入开展提供了全国性的行动纲领。2023 年 12 月，《中共中央　国务院关于全面推进美丽中国建设的意见》提出"推进生态环境志愿服务体系建设"，并将其作为开展美丽中国建设全民行动的重要内容。2024 年 5 月，生态环境部联合多部门印发《关于深入开展"美丽中国，我是行动者"系列活动工作方案》，进一步推动生态环境志愿服务工作，促进生态环境志愿服务制度化、规范化、常态化，加快形成人与自然和谐发展的现代化建设新格局；2025 年 1 月，生态环境部办公厅和中共中央社会工作部办公厅联合印发《"美丽中国，志愿有我"生态环境志愿服务实施方案（2025—2027 年）》，明确了近三年的发展目标、重点任务和实施步骤。

这些政策文件的制定和印发，都展示了中国生态环境志愿服务当下的发展历程和政策导向，反映了国家对生态环境保护的重视。

（二）生态修复类志愿服务

2008 年汶川地震后，生态修复类志愿服务兴起，如灾区植被恢复、水土保持项目。2010 年玉树地震与舟曲泥石流灾害中，志愿者团队参与生态脆弱区重建，逐步推动"防灾型生态社区"理念的实施。生态修复类志愿服务主要通过水域生态治理、森林与生物多样性保护、污染治理与社区参与修复等实践，结合科技赋能与政策创新，逐步构建多元参与、长效治理的体系。2000 年后，国家陆续出台多项生态保护修复政策，推动生态修复工作从局部恢复向系统治理转变。志愿者参与生态修复的领域不断扩展，从简单的植树造林到生态监测、环境教育、生物多样性保护等，志愿服务形式更加多样化。党的十八大将生态文明建设纳入中国特色社会主义事业"五位一体"总体布局，生态修复成为生态文明建设的重要内容，生态修复类志愿服务成为推动美丽中国建设的重要力量。2021 年 6 月，生态环境部和中央文明办联合印发《关于推动生态环境志愿服务发展的指导意见》，明确了生态环境志愿服务的主要内容形式，推动志愿服务制度化、规范化。

（三）青山公益生态环境志愿服务

青山公益生态环境志愿服务项目是由中华环境保护基金会、生态环境部宣传教育中心及美团青山计划联合发起的全国性生态环境志愿服务项目，旨在推动生态环境志

愿服务制度化、常态化发展，动员社会力量参与生态文明建设[①]。青山公益生态环境志愿服务项目依托《"美丽中国，我是行动者"提升公民生态文明意识行动计划（2021—2025年）》，聚焦垃圾分类、低碳生活、生物多样性保护等议题，通过志愿服务形式提升公众环保意识，助力绿色社区建设。项目的核心目标是培育环保志愿者队伍，打造可复制、可持续的志愿服务模式，联动政府、企业、高校及社会组织形成环保合力。项目自2023年起率先在内蒙古、湖南、黑龙江等地启动，覆盖社区、学校等多场景。其中，仅2023年就在内蒙古呼和浩特开展了活动22场，包括垃圾分类宣讲、生物多样性DIY、低碳徒步等；在湖南长沙联合高校社团进社区，通过互动游戏、绿植领养等形式宣传低碳生活；在黑龙江哈尔滨于五四青年节期间举办垃圾分类宣传活动，联合狮子会开展"随手拍"公益行动，强化市民参与。2024—2025年，该项目逐渐向全国拓展。重庆朝天门街道以"弘扬五四精神"为主题，组织环保游戏、手工教学等活动，倡导减少一次性餐具使用和外卖餐盒回收。2024年12月，青山公益生态环境志愿服务展示交流活动在深圳举办，88家社会组织代表参会，同时启动第三期资助计划，分享优秀案例并实地观摩垃圾分类项目。[②]截至2025年，项目已在全国20余个省市落地，累计开展活动超百场，吸引数千名志愿者，通过资助计划支持社会组织创新项目，推动志愿服务规范化、品牌化。项目目前依托美团青山计划等技术资源，探索数字化环保宣教工具，进一步扩大生态保护的社会参与面。

第四节　生态环境志愿服务面临的挑战

　　生态环境保护必须坚持底线思维。坚持底线思维、增强忧患意识，是我们党战胜各种风险挑战、不断从胜利走向胜利的重要思想方法、工作方法、领导方法。[③]生态环境志愿服务作为生态文明建设的重要社会力量，近年来在公众参与度、项目多样性、政策支持等方面取得显著进展。然而，其发展仍面临多重现实挑战，距离"规范化、全民化、长期化"目标仍有较大差距，主要包括制度机制不完善、公众参与碎片化、专业能力与

① 【青山公益】生态环境志愿服务，我们一直在路上 [EB/OL]．（2023-11-29）[2025-03-18]. https://sthjt.nmg.gov.cn/zjhb/xcjy_8153/sthjxc/202311/t20231129_2418417.html.
② CEEC 动态｜青山公益生态环境志愿服务展示交流活动在深圳举办　第三期资助计划正式启动 [EB/OL]．（2025-01-02）[2025-03-18]. https://www.163.com/dy/article/JKTK7I28051493C2.html.
③ 中共中央宣传部，中华人民共和国生态环境部．习近平生态文明思想学习问答 [M]．北京：学习出版社，人民出版社，2025：186.

资源供给不足、社会认知偏差等四个方面，它们都制约了生态环境志愿服务的效能和可持续性，亟须在制度建设、能力提升、宣传引导等方面进一步开展工作[①]。

一、制度机制不完善

（一）法律保障与政策衔接错位

生态环境志愿服务法律保障与政策衔接的错位问题主要体现在以下三个方面，这些问题的存在影响了志愿服务的规范化、全民化和长效化发展。一是法律规范缺乏细化。尽管《志愿服务条例》《关于推动生态环境志愿服务发展的指导意见》《关于构建现代环境治理体系的指导意见》等文件为生态环境志愿服务提供了制度框架，但具体实施细则和配套措施仍不完善，地方实施细则普遍滞后，基层仍存在"重形式轻实效"倾向。例如，志愿者权益保障、服务时长认证、跨区域协作等具体操作缺乏统一标准，导致部分项目因政策支撑模糊而难以落地。二是公益诉讼法律支持不足。生态环境公益诉讼的发起主体受到严格限制，而赔偿诉讼的举证责任倒置虽降低了公众门槛，但在实践中仍面临鉴定难、周期长等问题，法律保障未能有效衔接志愿服务需求。一些志愿者在参与活动时，由于缺乏明确的法律保障，可能会遇到权益受损的情况，这不仅影响了志愿者的积极性，也限制了志愿服务活动的广泛开展。三是执法与志愿服务的衔接不畅。行政执法与刑事司法衔接中的取证不规范、介入不及时等问题也间接影响志愿服务的效果。例如，环境破坏案件如未能及时移交司法，就会削弱志愿者的维权支持力度[②]。现行法律与政策在生态环境志愿服务领域的覆盖不够全面，特别是在激励措施和权益保护方面存在空白。

法律与政策的错位本质上是制度设计、执行协同和社会动员能力的综合问题。需通过细化法规配套、强化跨部门协作等措施，推动生态环境志愿服务从"形式衔接"向"实质融合"转变。

（二）评估与监督体系缺乏

生态环境志愿服务项目在科学评估与监督体系方面的不足，主要体现在以下三个方面。一是评估体系不健全。多数项目仅以"服务时长""参与人数"等表层数据衡量成效，忽视对生态环境改善，如污染减排量、生态修复面积等核心目标的量化评估，

---

① 胡军.生态环境志愿服务的进展、问题及建议 [J].中华环境，2022（7）：26-27.
② 蒋云飞.论生态文明视域下的环境"两法"衔接机制 [J].西南政法大学学报，2018，20（1）：69-75.

缺乏量化指标和统一的行业评估标准。多数项目评估方法单一，流于形式，依赖"总结报告""满意度调查"等主观性较强的定性评估，缺少科学工具，部分评估由项目执行方自行完成，存在"既当运动员又当裁判员"的现象，缺失长期效果跟踪机制。基层志愿服务组织缺乏专业设备和技术人员，难以及时获取环境质量变化数据，数据碎片化严重。此外，线上平台利用不足，全国范围内尚未建立统一的志愿服务培训数据库，导致优质课程资源无法共享，企业技术资源未充分与志愿服务培训结合，志愿者难以接触前沿环保技术[1]，呈现出跨领域协作培训缺位，导致资源重复投入与信息孤岛现象并存。二是监督机制缺失。项目主要依赖政府部门或项目发起方内部监督，缺乏第三方独立机构的介入。部分项目甚至未公开联系方式或投诉入口，出现监督主体单一、独立性不足现象。项目资金存在挪用或低效分配的风险，以及使用透明度低的现象。对执行不力或弄虚作假的行为缺乏明确处罚依据，如虚报服务数据、伪造环保成果等，追责多停留在"口头批评"层面，存在问责机制不完善现象。监督多集中在项目结束后，未能覆盖"策划—执行—验收"全流程，难以及时发现并纠正问题。 三是社会参与监督的局限性。普通参与者缺乏专业知识和监督渠道，难以识别项目执行中的技术漏洞，存在公众监督意识不强与能力不足的现象。媒体报道多聚焦于项目启动和亮点宣传，对问题曝光和深度调查不足，存在媒体与第三方机构参与度低的现象。

科学评估与监督体系的缺失，本质上反映目标导向不明确、专业化支撑不足和制度刚性约束弱化等问题，需通过建立分级分类评估标准、引入第三方独立监督、强化数据化工具应用，并推动评估结果与政策奖惩挂钩，才能实现生态环境志愿服务从"量"到"质"的跨越。

（三）跨部门协同机制薄弱

生态环境志愿服务项目在跨部门协同机制方面的薄弱和不足，主要体现在以下两个层面。一是跨部门协作机制不健全。生态环境志愿服务往往涉及多部门，存在部门权责交叉现象，在跨部门合作中，各部门职责边界不清，导致资源重复投入或管理真空，易造成活动重叠或遗漏，多数项目依赖临时性联席会议或活动联合倡议，未设立常态化统筹机构。二是信息共享与资源整合效率低。多部门间信息孤岛问题突出，志愿服务数据难以跨部门共享，数据互通平台缺失。资金、设备、人力等资源分散于不同部门，未能形成合力。

---

[1] 田丰.开展生态环境志愿服务 共筑人与自然和谐共生的中国式现代化 [J]. 中华志愿者，2024（10）：56-57.

跨部门协同机制的不足，本质上是制度设计与执行效能的综合问题。建议建立统筹协调机构，明确部门职责分工；搭建资源共享平台，逐步实现从"形式协同"到"实质协作"的转变，提升生态环境志愿服务的整体效能。

二、公众参与碎片化

（一）参与频率与深度不足

公民生态环境志愿服务整体呈现出参与持续性低的现象。2021 年公民生态环境行为调查结果显示，55.6% 的公众因"不知如何参与"而未能持续加入，专业性强的环境调查，如污染源监测占比不足 20%。2022 年中国志愿服务研究中心的调查显示，公众参与最多的志愿服务类型依次为绿色低碳实践、生态环境宣传教育和科学普及、生态环境社会监督活动，分别有 21.5%、19.8%、12.8% 的受访者参与，习近平生态文明思想理论宣讲、国际交流合作等方面参与率相对偏低。从各类影响因素来看，公众认为影响其参与的最大阻碍因素是不知道如何参与（46.1%），其次是培训保障不足（19.1%）、活动没有吸引力（18.8%）、周围人都不参与（15.6%），其他阻碍还包括缺乏有效的激励反馈和活动组织不规范等，说明公众参与生态环境志愿服务的渠道有待拓展，相关信息的宣传有待加强 [1]。由此可见，尽管公众认可环保的重要性，但转化力仍存在不足，参与率较低，存在"高认知、低行动"的现象。

（二）参与主体结构失衡

2022 年中国志愿服务研究中心的调查显示，生态环境志愿者分区域来看，东部地区受访者参与生态环境志愿服务最多（46.0%），其次是西部和中部地区，东北地区最少（35.5%）。分人群来看，社区基层工作人员、环保社会组织工作人员、党政机关或事业单位工作人员、学生和离退休人员等群体的志愿者是志愿服务的引领者和主力军，这些群体中生态环境志愿者占比高达 36%，明显高于其他群体。此外，公众参与生态环境志愿服务的行为与其收入水平和学历水平有着较强关联，尤其是学历水平高的受访者参与生态环境志愿服务的比例显著较高 [2]。因此，通过多元化项目设计吸引不同群体，推动生态志愿服务从"浅层参与"向"长效行动"转化。

---

① 郭红燕，王漩. 加快推动我国生态环境志愿服务高质量发展 [J]. 中华环境，2024（10）：24-26.
② 同①。

（三）激励反馈机制单一

生态环境志愿服务现有的激励反馈机制呈现出单一性，具体体现在以下四个方面。一是过度依赖精神激励。在大多数地区，荣誉表彰依然是主要的激励方式，缺乏与职业发展、教育资源等深度绑定的激励手段。二是物质激励覆盖面有限。常见的形式是积分兑换，积分兑换多局限于试点城市，农村及欠发达地区推广困难，多数地区难以满足多样化需求，因此进一步削弱了公众参与的动力。三是专项激励不足。针对高技能（如技术认证、职业推荐等含金量高、专业技术性强的技能）志愿者的专项激励，尚未普及。四是政策落地差异大。国家层面虽提出统一激励机制，但地方执行力度参差不齐。

三、专业能力与资源供给不足

（一）专业培训体系缺位

生态环境志愿服务专业培训体系的缺位主要体现在以下四个方面。一是培训覆盖面不足。由于城乡及区域差异显著，大多数城市社区能组织生态环境志愿服务专题培训会，教授公众环境监测技能和项目设计方法，但农村地区因资源匮乏，志愿者培训机会极少，且多数缺乏系统性指导。二是培训内容与形式单一。部分培训流于形式化讲授，缺乏实操场景设计，理论与实践脱节，当前培训多聚焦垃圾分类、环保宣传等基础领域，对污染源监测、环境法律咨询、碳汇核算等专业性强的技能涉及较少。三是标准化与认证体系缺失。各地培训内容差异大，未形成全国统一的课程框架和技能标准，志愿者的技能难以获得官方权威认证，限制了其社会认可度。四是持续性与进阶培训不足。多数志愿者仅接受一次性入门培训，缺乏长效学习机制，多数地区专业师资力量薄弱，由社区工作者或非专业人士主导，缺乏生态学、环境工程等领域的专家参与。

（二）资金与技术支持不足

生态环境保护尽管政府投入逐年增加，但基层志愿服务组织仍面临资金短缺，资金与技术可持续性难题凸显，主要体现在以下三个方面。一是资金来源单一且依赖性强。生态环境志愿服务的资金主要依赖政府拨款和社会捐赠，企业赞助及市场化运作渠道较少。二是资金分配不均与基层支持薄弱。专项资金多集中于城市或大型项目，农村及欠发达地区难以获得足额支持，基层志愿服务组织常因资金不足而无法开展技术培训或购置专业设备，限制了服务的专业化水平[1]。三是资金使用效益评估不足。部分项目缺乏科学的财务管理和效果评估机制，区块链、遥感技术等数字化工具的应用局限于试点城市，未能普惠基层。生态环境志愿服务在资金与技术方面的不足可通过系统性优化资金配置与技术赋能两个方面进行改进，从而逐步实现从"活动导向"向"专业化、可持续化"的转型。

（三）项目设计同质化严重

部分生态环境志愿服务项目设计与公众需求存在错位，活动形式同质化严重，常见的项目多集中于植树造林、垃圾分类、垃圾清理等传统领域和基础领域，在聚焦本地生态痛点、野生动植物保护、碳核算等新兴领域，存在人才缺口，全国仅 32% 的环保社会组织配备专业技术人员，对碳普惠、生物多样性司法保护等专业领域探索不足。例如，武汉"民间湖长"制度虽有效，净滩活动虽常态化，但对长江支流水质监测的深度参与不足，复制到其他流域时因缺乏本地化调整而成效有限。

四、社会认知偏差

（一）公众生态责任意识薄弱

生态环境志愿服务项目在公众生态责任意识培育方面存在的不足，主要体现在以下四个方面，这些短板制约了公众从"被动参与"向"主动担责"的转变。一是认知偏差与教育缺位。大众基础生态知识普及率低，公众对本地生态问题的认知停留在表层，普遍存在"政府兜底"思维，部分公众将志愿服务视为"政府责任"，认为生态保护是职能部门职责。现有生态环境志愿服务活动的宣传多采用标语横幅、讲座等单向传播形式，缺乏沉浸式体验，导致知识转化率不足。二是证书导向型参与。学生群体为获取社会实践证明"刷时长"，企业员工为完成 KPI 参与活动，导致志愿服务沦为"打卡任务"。公众普遍更倾向参与"植树节""地球一小时"等节点性活动，常态化责任践行不足。三是行为转化断层。公众普遍认同"环保人人有责"，但不太会主动减少一次性用品使用，志愿服务场景中的环保行为未能有效延伸到日常生活，社区缺乏"环保行为积分公示墙""邻里绿色公约"等互助监督载体，个体责任行为难以形成群体效应。四是文化价值连接薄弱。目前，传统生态智慧传承断裂。少数民族"神山圣湖"禁忌保护、江南"桑基鱼塘"循环农业等本土生态文化未被完全融入现代志愿服务，如云南哈尼

① 蒋云飞.论生态文明视域下的环境"两法"衔接机制 [J].西南政法大学学报，2018，20（1）：69-75.

梯田保护项目中，讲解内容只有一小部分涉及传统耕作智慧。家庭场景中缺乏生态责任教育，父母更关注成绩而非环保习惯，极少数家庭有定期参与生态环境志愿服务活动的习惯。

公众生态责任意识的不强，本质上是认知建构—行为激励—文化浸润系统链条的断裂。唯有让生态责任意识从"知识记忆"升级为"价值信仰"，才能真正实现生态文明建设的全民自觉。

（二）媒体传播与品牌建设滞后

生态环境志愿服务在媒体传播与品牌建设方面的滞后现象主要体现在以下四个方面。一是传播策略缺乏独立性。多数生态环境志愿服务项目的传播未形成独立体系，仍嵌套在政府工作报告或企业社会责任中，缺乏针对性的传播规划，缺乏 IP 化运作，品牌辨识度低，特色符号尚未广泛使用，多数地区仍停留在传统活动宣传层面，缺乏品牌化包装。二是传播渠道与内容单一。过度依赖传统媒体，活动报道多集中于地方官媒或行业内部平台，缺乏短视频、直播等新媒体形式的深度应用；传播内容多聚焦于垃圾分类、植树造林等常规主题，缺乏对碳普惠、生物多样性、司法保护等新兴领域的创新解读，内容同质化严重。三是品牌建设投入不足。企事业单位在志愿服务领域中投入资金普遍不足，未完善志愿服务资金配比制度，存在专业人才短缺的现象；企业高管参与志愿服务频次普遍不高，管理层重视不足导致品牌建设缺乏战略支持。反观国家电网公司 2003 年着力打造的首家央企集团级青年志愿服务项目——"青春光明行"，该项目服务内容涉及保电服务、抢险救灾、社区建设、生态环保、扶贫济困等，成为公司共青团组织服务企业、服务青年、服务社会的青年工作品牌。四是品牌类型与评估机制缺失。多数企事业单位聚焦项目品牌，但榜样团队、个人品牌及平台品牌建设薄弱，仅有少数榜样志愿者团队获外部表彰，平台型案例稀缺，呈现类型单一化；大多数企事业单位没有正常开展项目影响力评估，多数活动缺乏量化效果追踪，评估体系不健全。

生态环境志愿服务在媒体传播与品牌建设方面的改进可聚焦打造独立传播矩阵、深化品牌 IP 建设、强化数据驱动评估、推动跨界资源整合等，通过系统性优化传播策略与品牌建设机制，生态环境志愿服务可突破当前瓶颈，实现从"活动导向"向"品牌驱动"的转型升级。

（三）国际经验本土化不足

生态环境志愿服务项目在国际经验本土化方面的不足，主要体现在以下三个层面。

一是制度机制和数字化工具应用滞后。我国虽然在政策上提出推行志愿者注册制度，但实践中仍存在注册平台分散、跨区域认证难等问题，无法有效对接国际通用的"志愿服务护照"模式。国外通过社会捐赠、企业赞助和政府补贴形成多元资金体系，而我国仍主要依赖政府拨款，社会资本参与度低，项目可持续性受限。国际先进的志愿服务管理平台，如基于区块链的服务记录系统，在我国推广缓慢。二是社会参与结构失衡。国外环保志愿服务多由社会组织主导，而我国仍以政府、社区为主体，社会组织因资源受限，难以发挥专业优势，社会组织角色边缘化；国际经验注重"社区自治 + 专业指导"，但我国居民参与多依赖行政动员，公众参与渠道单一。三是专业能力与文化融合不足。我国志愿者培训多停留在基础科普层面，国际生态环境志愿服务强调"生态环境教育 + 文化传承"，我国提倡"生态文明 + 文明实践"，但在实践中对本土生态文化挖掘不足，活动吸引力较弱。

国际经验本土化的不足，本质上是制度创新、资源整合与文化适配的综合问题。国内优秀案例虽获联合国认可，但缺乏多语种传播和跨境协作，导致国际传播缺位。国际经验的本土化培训尚未普及，因此限制了生态环境志愿服务的全球视野。未来可聚焦构建灵活的制度框架、推动项目精准化、强化技术赋能、深化社会协同等方面改进，从而逐步缩小与国际先进实践的差距，实现生态环境志愿服务的"中国化"升级。

总之，生态环境志愿服务作为公众参与生态文明建设的关键实践载体，其效能发挥构成了环境治理体系现代化的重要维度，要实现服务效能从规模扩张向范式转型的质变突破，需构建制度创新、技术赋能、价值重塑协同推进的治理框架。面对上述问题和挑战，《"美丽中国，志愿有我"生态环境志愿服务实施方案（2025—2027 年）》提供了解决方案：强调了社会化和专业化两支队伍的建设；提出了动态清单和品牌项目打造的思路，并开始试点工作；加强阵地建设和能力建设，形成生态环境志愿服务的文化氛围；明晰了实施步骤和工作要求，特别是明确了加强组织领导、政策支持和财政投入的要求。① 因此，可以预见在不远的未来，中国生态环境志愿服务事业必将迎来一个新的发展高潮，为建设人与自然和谐共生的美丽中国汇聚全民力量，为全球生态环境治理提供中国方案。

---

① 田丰 . 生态环境志愿服务在基层社区治理中的作用与挑战 [J]. 中华环境，2025（1/2）：22-24.

第三章

生态环境志愿服务内容与总体思路

　　生态环境志愿服务是构建现代环境治理体系和推进生态文明建设的重要抓手。党的十八大以来，我国生态环境志愿服务工作取得了历史性进展。2021年6月，生态环境部与中央文明办联合发布《关于推动生态环境志愿服务发展的指导意见》，明确提出了生态环境志愿服务的主要内容形式，包括习近平生态文明思想理论宣讲、生态环境宣传教育和科学普及、生态环境社会监督、绿色低碳实践参与和国际交流合作等五个方面。

　　生态环境志愿服务组织和志愿者有必要了解掌握生态环境志愿服务的内容，以便更加明确生态环境志愿服务的目的，解决不知道要做什么的问题，从而有针对性地开展志愿服务。同时，了解掌握生态环境志愿服务形式，解决不知道如何做的问题，有利于提高服务效率和质量，确保每一次生态环境志愿服务都能产生积极的影响和效果。本章主要围绕生态环境志愿服务的内容与形式、总体思路两部分内容进行论述。

第一节　生态环境志愿服务的内容与形式

一、生态环境志愿服务的主体

生态环境志愿服务的主体包括志愿者和志愿服务组织，两者相互依存、相互促进，在推进生态文明建设进程中发挥着不可替代的作用。

（一）生态环境志愿者

1. 生态环境志愿者的概念

生态环境志愿者是生态环境志愿服务的核心力量，一般是指利用自己的休息时间、知识、技能、体力等，自愿、无偿为社会或他人提供生态环境志愿服务的自然人。他们通过奉献自己的智慧、生态环境技能和知识，积极参与生态环境保护活动，以实际行动推动生态文明理念的传播，倡导文明、绿色、低碳的生活方式，服务社会公众。

2. 生态环境志愿者的角色与作用

生态环境志愿者在生态环境保护事业中扮演着多重角色，发挥着重要作用。

（1）宣传者：生态环境志愿者通过组织各种形式的宣传活动，如讲座、展览、演出等，向公众普及环保知识，提高公众的环保意识。他们深入社区、学校、企业、乡村等，将环保理念传播到每一个角落。

（2）实践者：生态环境志愿者不是停留在宣传层面，更可贵的是身体力行地参与到生态环境保护的实践中。他们通过组织区域环境整治、野生动物保护、植树绿化、垃圾分类等公益活动，用自己的实际行动为生态环境保护事业贡献力量。

（3）监督者：生态环境志愿者还承担着监督环境保护工作的责任。他们依法有序地参与监督各类破坏生态环境的行为，如环境污染、生态破坏等，并及时向相关部门举报和曝光，推动问题的解决。

（4）引领者：生态环境志愿者通过自己的行动和榜样作用，引领更多民众加入环境保护的行动。他们的热情和奉献精神感染着周围的民众，有利于形成良好的社会风尚。

（二）生态环境志愿服务组织

1. 生态环境志愿服务组织的概念

志愿服务组织是志愿者开展活动的依托。生态环境志愿服务组织是以开展生态环境志愿服务为宗旨、依法成立的非营利性社会组织，通过规范化管理和专业化运作，将志愿者的力量聚合起来，承担着动员和组织志愿者参与生态环境保护活动的重要任务。

2. 生态环境志愿服务组织的类型与作用

生态环境志愿服务组织根据其性质、规模和活动领域等不同特点，可以分为多种类型。不同类型的组织在生态环境保护事业中发挥着不同的作用。

（1）政府主导型组织：由政府相关部门牵头成立，负责组织和协调本地区的生态环境志愿服务活动。这类组织具有较强的行政色彩和资源优势，能够有效地动员和组织社会资源参与生态环境保护。

（2）社会团体型组织：由社会各界人士自发组成，致力于推动生态环境保护事业的发展。这类组织具有较强的社会影响力和动员能力，能够吸引更多的志愿者参与服务活动。

（3）学校社团型组织：由学校师生组成，主要在校园内外开展生态环境志愿服务活动。这类组织具有较强的教育意义和示范作用，能够培养学生的环保意识和社会责任感。

（4）企业型组织：由企业发起成立，旨在履行社会责任和推动企业的可持续发展。这类组织能够利用企业的资源和优势，为生态环境保护事业提供有力的支持和帮助。

生态环境志愿服务组织在生态环境保护事业中发挥着重要作用：

（1）动员和组织志愿者：生态环境志愿服务组织通过各种渠道和方式，动员和组织志愿者参与生态环境保护活动。为志愿者提供培训和指导，帮助他们掌握必要的生态环境知识技能，提升解决现实问题的能力。

（2）策划和实施项目：生态环境志愿服务组织根据当地生态环境保护的实际情况和需求，策划和实施各种形式的志愿服务项目。这些项目涵盖了宣传、教育、实践、监督等多个方面，能够有效地推动生态环境保护事业的发展。

（3）搭建平台与桥梁：生态环境志愿服务组织作为政府、企业和社会公众之间的桥梁和纽带，搭建起沟通交流的平台。它们通过组织各种志愿服务实践活动，促进与社会各界的合作与交流，共同推动生态环境保护事业的发展。

二、生态环境志愿服务的内容

根据 2021 年 6 月生态环境部与中央文明办联合发布的《关于推动生态环境志愿服务发展的指导意见》的有关要求，生态环境志愿服务的内容主要包括五个方面：习近平生态文明思想理论宣讲、生态环境宣传教育和科学普及、生态环境社会监督、绿色低碳实践参与、国际交流合作。

（一）习近平生态文明思想理论宣讲

习近平生态文明思想理论宣讲是生态环境志愿服务的重要核心内容。习近平生态文明思想是习近平新时代中国特色社会主义思想的重要组成部分，是新时代我国生态文明建设的根本遵循和行动指南。

习近平生态文明思想系统阐释了人与自然、保护与发展、环境与民生、国内与国际等关系，就其主要方面来讲，集中体现为"十个坚持"，即：坚持党对生态文明建设的全面领导，坚持生态兴则文明兴，坚持人与自然和谐共生，坚持绿水青山就是金山银山，坚持良好生态环境是最普惠的民生福祉，坚持绿色发展是发展观的深刻革命，坚持统筹山水林田湖草沙系统治理，坚持用最严格制度最严密法治保护生态环境，坚持把建设美丽中国转化为全体人民自觉行动，坚持共谋全球生态文明建设之路。这"十个坚持"深刻回答了新时代生态文明建设的根本保证、历史依据、基本原则、核心理念、宗旨要求、战略路径、系统观念、制度保障、社会力量、全球倡议等一系列重大理论与实践问题，标志着我们党对社会主义生态文明建设的规律性认识达到新的高度。

《关于推动生态环境志愿服务发展的指导意见》在"丰富内容形式"部分明确规定，习近平生态文明思想理论宣讲要"紧密结合新时代文明实践中心建设，依托各类生态环境宣传教育平台，通过线上线下多种渠道，组织策划有影响、有声势、有效果的志愿宣传活动，大力宣传习近平生态文明思想。注重将习近平生态文明思想与百姓关心的生态环境问题有机结合，深入推动生态文明进家庭、进社区、进学校、进企业、进机关、进乡村，引导全社会树立生态文明价值观念和行为准则，让习近平生态文明思想更加深入人心"。

（二）生态环境宣传教育和科学普及

生态环境宣传教育和科学普及是新时代生态文明建设的重要组成部分，通过广泛深入的宣传教育活动，能够增强和提高公众的环保意识和行动能力，形成全社会共同参与的良好氛围，为推进生态文明建设、实现可持续发展目标奠定坚实基础。

《关于推动生态环境志愿服务发展的指导意见》在"丰富内容形式"部分，强调生态环境宣传教育和科学普及，要"围绕减污降碳、污染防治、生态保护、气候变化、绿色发展、绿色低碳生活和消费方式转变等生态文明建设重点工作和公众关心的环境问题，采取组织重要环保纪念日活动、开展环保设施向公众开放工作、开设环保公益课堂、制作环保主题文化作品和宣传品、发起绿色倡议、举办圆桌对话、组织自然观察和体验活动等方式，开展宣传教育和科学普及，增强全社会生态文明意识，推动形成绿色生产生活方式"。

根据《关于推动生态环境志愿服务发展的指导意见》的要求，生态环境宣传教育和科学普及的主要内容可以概括为以下几个方面：

（1）生态环境知识的普及：向公众传播包括生态系统的运作原理、生物多样性的重要性、气候变化的原因和影响、环境污染的类型及危害等领域的专业知识，通过科普教育，让公众了解生态环境的脆弱性和保护的紧迫性，提高公众的认知水平和技能。

（2）环保法律法规和政策的宣传：宣传普及环境保护法律法规和政策，增强和提高公众的法律意识和政策认知度。通过解读法律法规和政策，引导公众依法参与环境保护，维护自身权益，提升公众法治意识和环保素养。

（3）环保行为准则和绿色生活方式的倡导：推广《公民生态环境行为规范十条》，鼓励公众采用简约适度、绿色低碳的生活方式，反对奢侈浪费，减少能源资源消耗和污染排放。通过宣传教育活动，推广环保行为准则，引导公众形成绿色消费、绿色出行等良好习惯。

（4）生态环境志愿服务的推动：鼓励广大民众参与生态环境志愿服务活动，如社区环境治理、植树绿化、环保宣传等。通过志愿服务活动，增强和提高公众对建设美好家园的环保责任感和行动能力，形成全社会共同参与环保的良好氛围。

（三）生态环境社会监督

通过社会监督，公众可以参与到环境保护的过程之中，能够及时发现并制止各类破坏生态环境问题、突发环境事件、环境违法行为以及影响公众健康的行为，同时进行监督、举报和曝光，从而推动相关部门采取有效措施进行整改和治理。这有助于形成全社会共同关注、共同参与环境保护的良好氛围，对于提升环境监管效能、保障公众环境权益等方面具有重要作用。

生态环境社会监督主要包括以下几个方面：

（1）监督各类破坏生态环境问题：志愿者深入自然保护区、水源地、城乡接合部等关键区域，监测并记录盗猎野生动植物、非法采矿、非法排污等破坏生态环境的行为。通过定期巡查、拍照取证、上报信息等手段，为生态环境执法部门提供第一手资料，助力及时制止和惩处破坏行为。

（2）应对突发环境事件：在一些突发环境事件，如化学品泄漏、水体污染等紧急情况下，志愿者迅速响应，协助政府部门进行现场监测、人员疏散、信息传递等工作。他们作为"第一响应者"，能够有效减轻事件对环境和公众健康的威胁，为专业救援

赢得宝贵时间。

（3）举报环境违法行为：志愿者通过日常观察、网络监测等方式，发现并举报企业偷排偷放、超标排放、未批先建等环境违法行为。他们的举报为环保执法提供了重要线索，有助于打击环境犯罪，维护环境法治秩序。

（4）关注影响公众健康的行为：志愿者关注并报告噪声污染、光污染、电磁辐射等可能对公众健康造成长期影响的环境问题。通过科普宣传、健康讲座等形式，提高公众对这类环境问题的认识，推动相关部门采取措施减少健康风险。

（四）绿色低碳实践参与

在生态环境的各个领域开展不同类型的绿色低碳实践活动，是生态环境志愿服务由理念转化为具体实践行动的重要路径。这些实践行动旨在推动公众绿色低碳生产生活方式转变，促进和带动绿色发展。

生态环境志愿服务的绿色低碳实践参与，主要包括人居环境维护、绿化美化、自然保育、节能减排和资源循环利用等五个方面。

（1）人居环境维护方面。生态环境志愿者积极参与社区和城市的清洁行动，清理垃圾、整治卫生死角，提升居民的生活环境质量。通过宣传和教育活动，引导居民养成良好的环保习惯，减少生活污染，共同维护整洁、宜居的生活环境。这一实践行动不仅改善了居民的生活条件，还增强了公众的环保意识，为构建绿色社区、绿色城市奠定了坚实基础。

（2）绿化美化方面。绿化美化是生态环境志愿服务的重要内容。志愿者参与植树绿化、城市美化、公园维护等活动，增加绿色植被覆盖，提升城市的美观度和生态功能。通过志愿者的绿化美化行动，不仅能改善空气质量、调节气候、减少噪声污染，为城市居民提供休闲放松的绿色空间，而且能为城市增添生机与活力，促进人与自然的和谐共生。

（3）自然保育方面。志愿者致力于保护野生动植物及其栖息地，参与自然保护区的巡护、监测和科普教育工作。他们通过实际行动，维护生物多样性，防止物种灭绝，保护地球生命共同体的健康与稳定。自然保育工作对于维护生态平衡、保障人类福祉具有重要意义，志愿者的参与为这一事业注入了新的活力。

（4）节能减排方面。节能减排是绿色低碳实践的核心内容之一。志愿者通过推广节能产品、倡导低碳出行、减少能源消耗等方式，积极参与节能减排行动。鼓励居民使用节能灯具、太阳能热水器等绿色能源产品，减少化石燃料的使用；同时，倡导步行、骑行、公共交通等低碳出行方式，减少碳排放。节能减排不仅有助于缓解全球气候变暖问题，还能降低生活成本，提高生活质量。

（5）资源循环利用方面。资源循环利用是生态环境志愿服务的重要实践之一。志愿者参与垃圾分类、废旧物品回收、再制造等活动，推动资源的节约和高效利用。通过资源循环利用，可以减少垃圾产生、节约原材料、降低能源消耗和环境污染。这一实践活动有助于实现经济的可持续发展，更有助于培养公众的节约意识和环保责任感。

（五）国际交流合作

生态环境志愿服务的国际交流合作，主要围绕生态文明、绿色发展、气候变化、生物多样性保护、绿色丝绸之路等重点领域和主题，通过组织志愿者参与文化交流、民间合作等相关活动，在国际舞台讲好生态文明的中国故事，向世界分享绿色发展的中国智慧，增进不同国家间的交流和了解。

（1）生态文明方面。生态环境志愿服务的国际交流合作致力于推广生态文明理念，加强各国在环境保护、资源节约、生态修复等领域的经验分享和技术交流。通过国际项目合作、人员培训、信息共享等方式，提升各国生态环境志愿服务的能力和水平，共同推动全球生态文明建设进程，有助于促进国际社会对生态文明建设达成共识并采取行动。

（2）绿色发展方面。生态环境志愿服务的国际交流合作聚焦于推动绿色经济、循环经济、低碳技术等领域的国际合作。志愿者通过参与国际绿色项目、技术转移、资金支持等活动，促进绿色技术的研发和应用，推动全球绿色产业的发展。这种合作为全球可持续发展注入新的动力。

（3）气候变化方面。生态环境志愿服务的国际交流合作致力于加强各国在应对气候变化方面的合作与协调。志愿者通过参与国际气候谈判、气候变化项目、碳汇交易等活动，推动各国共同制定并执行应对气候变化的政策和措施，有助于减缓气候变化的影响，保护全球共有的生态环境。

（4）生物多样性保护方面。生物多样性是生态环境志愿服务国际交流合作的重要领域之一。志愿者通过参与国际生物多样性保护项目、野生动植物保护行动、生态系统监测等，推动各国共同保护生物多样性，维护地球生命共同体的健康与稳定。

（5）绿色丝绸之路方面。生态环境志愿服务的国际交流合作致力于推动绿色丝绸之路建设，加强沿线国家在生态环境保护、绿色发展、能源合作等领域的交流与合作。

通过共建绿色基础设施、推广绿色技术、加强环境监管等方式，促进沿线国家的可持续发展和共同繁荣，有助于推动构建人类命运共同体。

三、生态环境志愿服务的形式

生态环境志愿服务作为增强公众环保意识，践行绿色生活方式，促进生态文明建设的重要途径，其服务形式多种多样，大体上涵盖了宣传教育、科学普及、社会监督、实践参与以及国际交流合作等方面。

（一）宣传教育

宣传教育在生态环境志愿服务中扮演着至关重要的角色。这种形式不仅是传递生态环境知识和理念的重要途径，更是激发公众参与生态保护热情的关键手段，还能帮助志愿者掌握正确的服务方法和技能，提升他们在志愿服务中的专业素养和实际操作能力。新时代生态环境志愿服务在进行宣传教育时，要紧跟时代步伐，增强互动性、体验性与趣味性，以取得更广泛、更深入的影响力和宣传教育效果。

首先，生态环境志愿服务宣传教育要突破传统说教模式，通过故事化叙事建立情感共鸣。生态环境志愿服务组织可以运用短视频平台发布志愿者纪实短片，如"为'河'出发，护河净滩"沙颍河生态修复志愿服务项目，跟踪拍摄志愿者清理河道全过程，真实展现污染治理的艰辛与成效，单条视频最高获百万次转发；公益海报采用前后对比视觉设计，将垃圾遍地的滩涂与志愿者清理后的河岸并置，直观传递行动价值。

其次，生态环境志愿服务宣传教育要注重理论与实践融合，构建分层培训体系。基础层面可开发"志愿服务慕课平台"，设置"生物多样性监测技术""环境法律实务"等微课程，志愿者通过线上学习获取资格认证；实践层面开展"师徒制"实训，由生态环境的专业人员带领志愿者进行水质检测、物种识别等实操训练；创新层面举办"生态问题解决马拉松"，志愿者团队在48小时内针对具体环境问题设计解决方案，优胜方案可获得政府购买服务支持。

再次，生态环境志愿服务宣传教育可通过举办生态环保主题的艺术展览、创意工作坊，如用废旧物品制作艺术品、环保时装秀等，将生态环境理念融入艺术创作，激发公众的创新思维和动手能力，让环保行动成为一种时尚潮流。此外，与大中小学校进行合作，开发生态环境教育课程与游戏，将生态环境知识融入正规教育之中，从小培养学生的环保意识和行为习惯。

最后，生态环境志愿服务宣传教育还可以通过鼓励公众参与环保故事分享会、环保微电影大赛等活动，让每个人都能成为环保故事的讲述者和传播者，形成自下而上的环保文化传播氛围。通过这些创新方式，宣传教育不再局限于传统的说教模式，而是成为一种多元、互动、富有感染力的社会行动，有效提升生态环境志愿服务的吸引力和影响力。

（二）科学普及

科学普及在生态环境志愿服务中具有举足轻重的地位。通过科学普及，志愿者可以学习到最新的环保科研成果和技术手段，从而更好地应用到志愿服务实践中，提高服务效率和质量。利用并开展好生态环境志愿服务科学普及这一形式，需紧密结合时代特点与公众需求，以提升其趣味性、参与性与体验性，从而实现生态环境科学知识的有效传播。

首先，结合实地体验，组织"自然生态探索之旅"，带领志愿者走进自然保护区、生态农场等地，亲身体验生态系统的运作，观察野生动植物，让自然知识"活"起来。此外，可与学校合作，开设生态环境教育课程，让学生在实践中探索环境科学的奥秘，培养未来的环保小卫士。

其次，创新科普产品，如制作环保主题微电影、漫画、短视频等，利用故事化手法，讲述生态环境保护的紧迫性和重要性，拓宽科学普及的渠道和影响力。同时，鼓励志愿者成为"科普大使"，在社区、学校、公共场所开展科普展示，形成人人参与、人人传播的良好氛围。

最后，运用数字化手段，如开发环保科普 App、小程序，通过动画、游戏等形式，将复杂的生态环境科学知识转化为易于理解的内容，让公众在娱乐中学习。同时，利用社交媒体平台，举办线上科普直播、问答互动，邀请环保专家与公众直接对话，解答疑惑，增强参与感。

通过这些丰富多彩的科学普及方式，全面改变过去单向的知识传递，从而成为一种双向互动、寓教于乐的社会实践，有效提升公众对生态环境科学的认识和兴趣，为生态文明建设奠定坚实的群众基础。

（三）社会监督

生态环境社会监督是生态环境志愿服务的一种重要形式。生态文明建设需要全社会的共同努力，而社会监督正是激发公众参与环境保护热情、提升公众环保意识的有效途径。提高生态环境社会监督的实效性，关键在于增强参与度、透明度与科技应用，以构建全方位、高效能的监督体系。

  首先，培训具有必备专业知识的监督志愿者团队，丰富和提升他们的环保法律知识和监测技能，使之成为生态环境保护的"民间哨兵"，在专业人员指导下进行更精准、更有效的监督。通过这些创新举措，"社会监督"不仅能更有效地保护生态环境，还能激发公众的环保热情，形成全社会共治的良好局面。

  其次，可开发环保监督 App 或小程序，让志愿者能够便捷地报告突发的环境问题，如污染排放、非法盗猎等，同时提供问题追踪功能，让志愿者了解问题处理进度，增强参与感和成就感。平台还应设立积分奖励机制，鼓励更多公众参与监督。

  再次，推动建立政府与志愿者组织的信息共享机制，定期举办环保监督对话会，

让志愿者能直接对话政策制定者，提出监督中发现的问题与建议，促进政策与实践的紧密对接。同时，通过媒体合作，公开曝光环境问题，提升公众关注度，形成社会舆论压力，促使问题得到更迅速解决。

最后，有条件的团队还可以利用无人机、卫星遥感等现代科技手段，进行大范围、高精度的环境监测，与地面志愿者监督形成互补，构建起"天空地"一体化的监督网络。这不仅能提高监督效率，还能覆盖到人迹罕至的地区，确保监督无死角。

（四）实践参与

实践参与是生态环境志愿服务众多形式中最直接、最具体的行为实践。通过亲身投入环保实践活动，志愿者能直观感受生态环境问题的紧迫性，并运用所学知识解决实际问题，提升个人能力和技能，还能将环保理念传递给更多的人，形成良好的示范引领效应。在开展生态环境志愿服务实践活动时，要注重计划性，做好前期项目设计，以便增强参与体验性和持续性，从而激发公众环保热情并转化为实际行动。

首先，可建立"生态修复工作坊"，组织志愿者参与城市绿地恢复、湿地保护、母亲河水质监测等实际项目，提供专业培训和指导，让志愿者在亲身体验中了解生态修复的重要性，并感受个人行动的积极影响。

其次，推动"环保创业孵化"，支持有志于环保事业的志愿者团队开发环保产品或服务，如可降解的快递包装材料、社区衣物回收系统等，通过志愿服务与创业结合，既解决了资源环境问题，又创造了社会价值。

再次，可以设计"绿色生活挑战赛"，鼓励志愿者在日常生活中践行节能减排、旧物"重生"、绿色出行等环保行为，并通过社交媒体分享经验，形成示范效应，吸引更多人参与。同时，引入积分奖励机制，根据实践成果给予相应奖励，增强参与动力。

最后，构建"环保伙伴网络"，联合企业、学校、社区等多方力量，形成资源共享、项目合作的机制，为志愿者提供更多的实践机会和平台，使"实践参与"成为持续推动生态环境保护的社会行动。通过"实践参与"让志愿者真正成为生态文明的生力军，促进环保理念深入人心并赢得社会各界的普遍认可。

（五）国际交流合作

全球环境问题（如气候变化、生物多样性减少等）需要各国携手应对。通过国际交流合作，志愿者可以学习借鉴他国的成功经验和先进技术，提升本国环保行动的效率和效果。国际交流合作这一生态环境志愿服务形式，需跨越国界，因而要培养具有国际视野的志愿者，深化合作内容，拓宽交流渠道，以实现全球环境治理的共同目标。

首先，可发起"国际环保青年领袖计划"，选拔青年志愿者赴海外参与环保项目，如跨国界的自然保护区管理、气候变化研究等，通过实地工作增进相互理解、提升合作技能，培养具有国际视野的环保人才。

其次，构建"云端环保交流平台"，利用互联网技术，举办线上环保论坛、工作坊，邀请国际环保组织、专家学者分享经验，促进生态环保技术和知识的跨国交流，降低合作成本，提高效率。

再次，设计实施"绿色丝绸之路"合作项目，聚焦沿线国家的生态环境问题，如荒漠化防治、水资源管理等，组织跨国志愿者团队，共同开展实地调研、方案设计与实施，推动区域绿色发展。

最后，通过推动"环保标准与认证的国际互认"，在志愿服务项目中引入国际通用的环保标准和认证体系，如碳足迹计算、绿色产品标识等，增强国际合作项目的规范性和公信力，促进全球环保行动的协同与整合。

通过广泛有效的国际交流合作，能够加强各国志愿者之间的紧密联系，促进全球环保智慧的碰撞与融合，为应对全球性生态环境挑战贡献力量。

第二节　生态环境志愿服务的总体思路

一、建立生态环境志愿服务的长效机制

生态环境志愿服务作为推动生态文明建设、促进人与自然和谐共生的重要有生力量，其长效机制的建立对于确保志愿服务活动的持续、有效开展具有至关重要的作用。因此，应当通过政策引导与支持、组织体系建设、资源保障与激励机制、评估与反馈机制等四个方面，进一步建立完善新时代生态环境志愿服务的长效机制。

（一）政策引导与支持

政策引导与支持是建立生态环境志愿服务长效机制的前提条件。近年来，党中央和国务院高度重视生态环境保护和志愿服务事业的发展，出台了一系列相关政策文件，为生态环境志愿服务提供了坚实的政策保障。2021 年 6 月，生态环境部和中央文明办联合印发了《关于推动生态环境志愿服务发展的指导意见》，明确提出了生态环境志愿服务的主要内容形式，并从加强队伍建设、完善服务管理、强化保障措施等方面作出了明确规定。2025 年 1 月，生态环境部办公厅和中共中央社会工作部办公厅联合印发的《"美丽中国，志愿有我"生态环境志愿服务实施方案（2025—2027 年）》，从队伍建设、项目建设、阵地建设、能力建设、文化建设等五个方面作出任务安排，同时提出四个方面工作要求，为生态环境志愿服务的制度化、规范化、常态化发展指明了方向。

各级政府和相关部门应积极响应国家政策号召，结合本地实际，制定具体的实施方案和配套政策，确保政策得到有效落地。同时，应加强对政策执行情况的监督检查，及时发现和解决问题，确保政策目标的实现。

（二）组织体系建设

组织体系建设是生态环境志愿服务长效机制建设的关键环节。一套完善、高效的组织体系能够确保志愿服务活动的有序开展和资源的合理配置。

首先，应建立健全生态环境志愿服务组织架构。可以依托各省（区、市）的生态环境宣传教育中心，构建省、市、县三级生态环境志愿服务总队、分队和服务大队，形成上下联动、覆盖广泛的服务网络。各级志愿服务组织应明确职责分工，加强沟通协调，形成工作合力。

其次，应加强对志愿服务组织的培育和管理。鼓励和支持各类社会组织、企事业单位、学校社团等结合自身优势，组建具有特色的生态环境志愿服务队伍。同时，应建立健全志愿服务组织的注册登记、服务记录、评估反馈等制度，加强对志愿服务组织的监管和指导，确保其合法合规运营。

再次，加强基层阵地建设，充分发挥遍布全国各地的生态文明教育场馆、对外开放设施、生态环境宣传教育基地、生态环境科普基地、自然保护地、志愿服务站点及各种公共环境设施的作用。合理规划阵地布局，确保志愿服务覆盖面广、服务便捷。在有条件的社区设立固定的生态环境志愿服务站点，提供咨询、宣传等服务。

最后，加强志愿服务组织能力建设，支持生态环境志愿服务组织通过承接公共服务项目、争取政府补贴与社会捐赠等多种途径解决运营成本问题，增强组织"造血"功能。

（三）资源保障与激励机制

资源保障与激励机制是生态环境志愿服务长效机制的重要支撑。只有确保志愿服务活动有足够的资源和有效的激励，才能激发志愿者的积极性和创造力，推动志愿服务活动的持续开展。

在资源保障方面，政府应加大对生态环境志愿服务工作的资金支持力度，通过设立专项基金、提供财政补贴等方式，为志愿服务活动提供必要的经费保障。同时，应鼓励和引导社会资金参与支持生态环境志愿服务发展，形成多渠道、社会化的筹资机制。为了确保志愿服务活动的顺利开展，需要充分整合利用各类社会资源，与政府、企业、学校等应建立合作机制，共享资源，包括资金、物资、技术等，为志愿服务提供有力支持。

在激励机制方面，应建立以精神激励为主、物质激励为辅的志愿服务评价体系和激励机制。通过服务评价、星级认定、典型宣传、荣誉表彰等方式，增强志愿者的荣誉感和归属感。同时，加强宣传与推广工作，利用各种媒体渠道传播生态环境志愿服务的意义、先进人物及事迹，吸引更多的人加入志愿服务行列。

此外，还可以提供生态环境志愿服务相关的技能培训，并颁发证书，帮助参与者提升技能水平，增加自身的价值。这既可以是一种奖励，也可以为参与者提供更好的个人发展机会。

（四）评估与反馈机制

评估与反馈机制是生态环境志愿服务不断改进和提升的保障。通过定期对志愿服务活动进行评估，可以了解活动效果、参与者需求、组织机制等方面的情况，为改进工作提供依据。评估内容可以包括参与人数与覆盖范围、环境影响、宣传效果等方面。

同时，建立开放、透明的反馈机制，鼓励参与者提供意见和建议。通过问卷调查、个别访谈等方式了解志愿者的期望和需求，及时解决问题，优化服务方式。此外，还可以建立志愿服务调研评估机制，定期对地方生态环境志愿服务工作开展系统调研评估，识别存在的问题，并提出改进意见建议。

二、营造生态环境志愿服务的社会氛围

为了实现生态环境志愿服务的广泛参与和长效发展，应该营造浓厚的社会氛围，形成声势浩大的社会影响力，这是一个非常值得深思的问题。我们需要从宣传教育、榜样引领、活动组织等方面入手，深入探讨如何营造生态环境志愿服务的社会氛围。

（一）加强宣传教育，提升公众环保意识

宣传教育是提升公众环保意识、激发志愿服务热情的基础。要营造生态环境志愿服务的社会氛围，必须加强宣传教育，让生态文明理念深入人心。

1.利用多种渠道开展宣传

利用传统媒体与新兴媒体相结合的方式，充分利用电视、广播、报纸等传统媒体，以及社交媒体、短视频平台等新媒体，构建全方位、多层次的宣传网络。特别是微信、微博、短视频平台等新媒体，其互动性强、传播速度快，可通过图文、视频、直播等形式，让环保信息更加贴近民众生活，提高传播效率。

通过开设专栏、专题节目，深入解读环保政策，传播生态知识；制作环保公益广告、纪录片、短视频等，生动展现生态环境保护的紧迫性和重要性，提高公众的环保意识和参与度。还可以组织线上线下相结合的环保宣传活动，如生态环保知识讲座、生态文明主题展览、主题摄影比赛等，吸引更多公众参与。同时，利用互联网平台，开展线上环保知识问答、环保倡议签名等活动，扩大宣传覆盖面。

2.深入基层，贴近群众

组织志愿者深入社区、学校、乡村、企业等基层单位，开展环保知识宣讲、环保实践活动等，让环保理念更加贴近群众生活。通过发放环保宣传资料、举办环保讲座等形式，提高公众的环保意识和参与度。

结合六五环境日、世界地球日等重大节日，组织大型环保公益活动，如"绿色地球日""植树造林月"等，吸引公众眼球，激发社会参与热情。通过举办环保作品公益展示、主题晚会等活动，形成全社会共同关注环保的良好氛围。通过深入基层，收集民众对环境保护的意见和建议，增强公众的参与感和归属感。

3. 创新宣传方式，强化宣传效果

创作以生态文明为主题的文艺作品，如散文、诗歌、歌曲、舞蹈、戏剧等，通过艺术的形式展现环保理念，提高公众的接受度和参与度。同时，利用明星效应，邀请知名人士参与环保宣传活动，提高宣传的吸引力和影响力。

组织环保主题的互动体验活动，如生态环境教育体验营、主题夏令营、科普研学游等，让公众在亲身体验中感受环保的重要性，增强其环保意识和提高参与度。

（二）树立榜样，发挥引领作用

榜样的力量是无穷的。在营造生态环境志愿服务的社会氛围过程中，树立榜样、发挥引领作用至关重要。

1. 表彰先进典型

定期开展生态环境志愿服务先进典型评选活动，如"最美生态环保志愿者""绿色生活好市民""优秀环保公益组织"等，对在生态环境志愿服务中表现突出的个人和组织进行表彰和奖励。通过树立榜样，激励更多的人投身于生态环境志愿服务，形成"人人争当环保先锋"的良好风尚。

利用媒体平台，广泛宣传先进典型的感人事迹和崇高精神，让更多的人了解他们的奉献和付出。通过榜样的引领作用，激发社会公众的生态环境意识和参与热情。

2. 发挥党员干部的带头作用

鼓励党员干部积极参与生态环境志愿服务活动，发挥他们的先锋模范作用。通过党员干部的带头参与，带动更多的公众参与环保志愿服务。

在基层党组织中建立党员志愿者队伍，组织党员定期开展生态环境志愿服务活动。通过党员志愿者的示范引领，提高社会公众对环保志愿服务的认可度和参与度。

3. 邀请公众人物参与宣传

邀请专家学者、知名人士、演艺明星等公众人物参与环保宣传活动，担任环保大使，利用他们的知名度和影响力，提高环保宣传的吸引力和传播力。鼓励公众人物在社交媒体平台上发布环保信息、分享环保经验。通过公众人物的参与和宣传，不仅能提升活动的关注度，还能增强信息的可信度和说服力，激发更多的公众参与生态环境志愿服务的热情。

（三）丰富活动形式，提高公众参与度

丰富多彩的活动形式是吸引公众参与生态环境志愿服务的重要途径。要营造浓厚的社会氛围，必须不断创新活动的形式，提高公众的参与度和满意度。

1. 开展特色志愿服务项目

根据不同地区的地域特色和实际情况，开展具有地方特色的志愿服务项目。例如，在北方草原地区结合"那达慕"盛会，开展具有民族特色的草原生态保护宣传活动；在沿海地区开展红树林调研、海洋生物多样性保护等项目。通过这些群众喜闻乐见且特色化服务项目的开展，提高公众的参与度和满意度。

针对不同年龄段、不同职业、不同兴趣爱好的人群，开展具有针对性的志愿服务项目。例如，针对青少年开展环保手工制作展示、生态环境教育体验营、主题夏令营等活动；针对老年人开展环保服饰走秀大赛、环保主题合唱演出等活动。通过针对不同人群的服务项目的开展，提高公众的参与度。

2. 创新志愿服务模式

充分利用互联网技术，开展线上志愿服务活动。例如，开发志愿服务 App 或小程序，方便志愿者报名、记录服务时长、分享经验等；利用社交媒体平台开展线上环保知识问答、环保倡议签名等活动。开展这种便捷的线上服务，有利于扩大志愿服务的覆盖面和影响力。

加强与其他领域的跨界合作，共同开展生态环境志愿服务活动。例如，与企业合作建立环保公益示范岗；与学校合作开展生态环境教育研学等。通过跨界合作的开展，提高志愿服务的针对性和实效性。

3. 注重活动的持续性和影响力

通过制定相关制度、规范服务流程等方式，有利于建立健全生态环境志愿服务的长效机制，保障志愿服务活动的有序进行，确保志愿服务活动的持续开展。

加强与媒体的合作与交流，及时宣传报道志愿服务活动的进展和成效。通过媒体的广泛传播和报道，提高志愿服务的社会影响力、认知度和参与度。

三、重视生态环境志愿服务能力提升与培训

生态环境志愿服务是一项综合性非常强的工作，由于涉及生态修复、野生动植物保护、环境监督、污染防治、绿色低碳生活推广等众多领域，因而不仅需要志愿者具有必备的专业知识和能力，还需要通过多维度的能力建设提升志愿者的综合素质，才能更有效地开展志愿服务活动，提升服务质量、促进服务创新，实现环境效益和社会效益共赢的目标。

（一）完善培训体系

（1）制定培训规划：根据生态环境志愿服务的实际需求，制定系统、全面的培训规划。规划应明确培训目标、内容、形式和时间安排，确保培训工作的有序进行。

（2）开发培训课程和教材：组织专家学者和一线志愿者，共同开发适合不同层次、不同领域志愿者的培训课程和教材。课程应涵盖基础理论、实践操作、案例分析等内容，注重实用性和针对性。

（3）丰富培训形式：采用线上线下相结合、理论与实践相结合等多种培训形式，增强培训效果。可以利用网络平台开展远程培训，也可以组织实地观摩、交流研讨等活动，增强志愿者的参与感和体验感。

（二）加强师资队伍建设

（1）选拔优秀师资：从生态环境保护和生态环境志愿服务两个领域的专家学者、一线志愿者中选拔优秀师资，担任培训讲师。同时，要注重培养复合型培训讲师，使其兼具丰富的志愿服务实践经验和扎实的生态环境专业知识，能够传授实用、高质量的生态环境志愿服务技能和方法。

（2）加强师资培训：定期对培训讲师进行再培训，提高其教学水平。可以组织培训讲师参加国内外研讨、培训等活动，拓宽视野，提升专业素养。

（3）建立激励机制：对表现优秀的培训讲师给予表彰和奖励，激发其工作积极性和创造力。同时，建立国家级培训师资库，实现区域师资共享和优化配置。

（三）注重志愿者的综合素质提升

对于生态环境志愿者的培训不仅在于生态环境知识本身，还需要通过多维度的能力建设提升志愿者的综合素质。

（1）加强生态环境保护意识教育。通过专题讲座、案例分享等形式，增强志愿者对生态环境问题的认识，让他们意识到自身行为对环境的影响，从思想观念上重视专业的培训学习，提高志愿服务的责任意识。

（2）培养协作与沟通能力。志愿服务通常需要团队合作，通过模拟场景和实际任务训练志愿者的协作和沟通能力，让他们在面对现实环境问题时，能够高效地分工合作、解决问题。

（3）注重职业道德培养。志愿者是生态环境保护的一支重要力量，承担着保护、监督、宣传教育等众多神圣职责。通过开展环境道德和行为规范培训，提升志愿者的责任意识，培育志愿服务精神，确保其在志愿服务中增强服务效果，发挥应有的作用。

（四）优化培训方式，强化应用实践

为提高生态环境志愿服务培训的质量效果，须在方法上和形式上不断创新，增强志愿者的学习体验感与收获感。

（1）开展理论与实践相结合的培训。在室内讲解基本知识的基础上，通过实地实践活动让志愿者掌握实际应用能力。例如，在湿地生态保护培训中，理论部分讲解湿地功能与保护意义，实践部分组织志愿者参与湿地修复、鸟类监测活动等。

（2）实施多样化培训形式。采用线上线下结合的方式开展培训。线上培训采用视频课程、网络直播等形式，方便志愿者自主学习；线下培训则以互动性强的工作坊、实地演练等方式，加深志愿者对问题解决方法技能的理解和掌握。

（3）引入"导师制"培训模式。聘请生态环境志愿服务领域专家、环保科研人员、资深志愿者等担任兼职导师，开展小规模、针对性强的研究式指导。例如，针对水质检测志愿服务，邀请专业水质监测人员手把手进行指导。

（4）模拟实战与突发事件应对。在培训中设计模拟场景，让志愿者处理如突发污染事件、生态环境损害应急修复等实际问题，提高其应变能力和专业操作能力。

（五）推动科技赋能与创新

（1）利用大数据和人工智能。通过大数据分析环境问题趋势，为志愿者设计针对性强的培训课程。借助人工智能模拟污染物扩散、生态系统变化等场景，让志愿者更加直观地理解掌握问题解决的方法措施。

（2）开发培训 App 与小程序。建立专属的志愿者技能学习平台，提供在线课程、技能测试、服务记录等功能，帮助志愿者随时随地学习和提升技能。

（3）运用 VR 技术。通过 VR 技术模拟复杂的生态环境场景，如森林火灾、湿地修复等，让志愿者在虚拟环境中体验和学习实用技能，增加培训的趣味性和实用性。

（4）加强交流合作：加强与其他地区、相关领域的交流合作，借鉴先进经验和做法，推动生态环境志愿服务能力提升工作的不断创新和发展。

四、创新生态环境志愿服务的实践形式

随着社会的进步和科技的发展，传统的志愿服务形式已难以满足日益增长的生态环境工作的需求，因此，探索、运用和创新生态环境志愿服务形式，成为提升志愿服务效果、激发公众参与热情的关键。

（一）利用现代科技提升服务效能

随着信息技术的飞速发展，互联网、大数据、人工智能等现代科技手段在生态环境志愿服务中的应用日益广泛。利用现代科技，可以极大地提升志愿服务的效率和质量，使志愿服务更加精准、高效。

（1）智能化志愿服务平台。利用互联网和移动通信技术，开发智能化志愿服务平台，如志愿服务 App 或小程序，方便志愿者报名、参与活动、记录服务时长、分享经验等。平台可以整合各类生态环境志愿服务项目信息，为志愿者提供一站式服务。同时，通过数据分析，平台可以精准匹配志愿者的服务意向和实际需求，提高志愿服务的针对性和实效性。

（2）遥感技术与环境监测。遥感技术可以实现对生态环境的实时监测和数据分析，为志愿服务提供科学依据。志愿者可以通过参与遥感数据的采集、处理和分析工作，为生态环境保护提供有力支持。例如，组织志愿者运用无人机巡查，对河流、湖泊、草原、湿地等生态环境进行监测，及时发现并报告环境问题。

（3）VR 技术与科普教育。利用 VR 技术，可以打造沉浸式的生态环境科普教育体验。志愿者通过佩戴 VR 设备，可以身临其境地模拟体验生态环境治理过程，提高志愿者的实践能力和专业素养。同时，通过 VR 技术，志愿者可以深入了解生态环境现状及保护的重要性和紧迫性，增强环保意识和责任感。

（二）创新设计多元化、特色化的志愿服务项目

创新志愿服务项目，是吸引公众参与、提升服务效果、扩大社会影响的重要路径。通过设计多元化、特色化的志愿服务项目，可以满足不同人群的需求和兴趣，激发公众的参与热情。

（1）因地制宜，挖掘区域特色。生态环境志愿服务需要根据不同区域的环境特点和需求，设计具有针对性的实践项目。如开展具有地方特色的生态修复活动，在湿地丰富的地区，可组织志愿者参与湿地恢复与鸟类监测活动。在山区可开展植树造林、土壤改良等活动，同时组织志愿者参与森林防火宣传和野生动物保护，推动山区生态环境的可持续发展。在城市中，设计"社区绿化日"或"屋顶花园计划"，让志愿者参与城市绿色空间的规划与建设，改善城市生态环境。在沿海地区，开展海岸线垃圾清理、红树林保护等志愿活动，结合海洋生态科普教育，增强公众对海洋资源的关注。

（2）利用现代科技手段，推广环保科技产品的应用，提高志愿服务的科技含量。例如，组织志愿者参与"海绵城市"的宣传和推广活动，引导公众养成保护城市绿地的好习惯。同时，可以开展环保科技产品的研发和创新活动，鼓励志愿者提出具有创新性的环保解决方案。

（三）推动志愿服务与社会各界的跨界合作

跨界合作是创新生态环境志愿服务实践形式的重要途径。通过推动志愿服务与社会各界的深度融合，可以实现资源的优化配置和高效利用，扩大志愿服务的覆盖面和影响力。

（1）与政府合作。加强与政府部门的合作，争取政策支持和资金保障。可以参与政府主导的环保项目和服务活动；为政府提供环保政策咨询和建议；协助政府开展环保宣传和教育活动。通过与政府合作，可以推动志愿服务事业的规范化、制度化发展。

（2）与企业合作。通过与企业合作，实现志愿服务与经济发展的良性互动。鼓励企业履行社会责任，参与生态环境志愿服务活动；与企业合作开展环保项目和服务活动；为企业提供环保技术咨询和培训服务；协助企业开展企业文化宣传和教育活动。

（3）与社会组织合作。加强与环保社会组织、公益机构等的合作，共同推动生态环境志愿服务事业的发展。可以参与社会组织主导的生态环境项目和服务活动；为社会组织提供志愿者和技术支持；协助社会组织开展生态环境宣传和教育活动。通过与社会组织合作，可以促进志愿服务的专业化、社会化发展。

（4）与高校、社区合作。发挥高校科研资源优势，与社区联合开展志愿服务。例如，对于高校师生研发的环保设备，发动志愿者在社区协助推广，形成"科研＋实践"的服务模式。

（四）创新服务领域，拓展服务范围

随着社会需求以及生态环境志愿服务对象的变化与扩展，生态环境志愿服务也需要不断拓展新领域。

（1）绿色科技应用推广。志愿者推广节能环保技术，如分布式太阳能系统的应用、智能垃圾分类设备的使用等，帮助公众了解和使用新技术。

（2）环境健康服务。组织志愿者开展环保与健康结合的服务活动，如推广园区中水利用，普及空气净化技术等，提高公众的生活质量。

（3）突发环境事件应急服务。培训志愿者应对突发环境事件的能力，如化学品泄漏处理、灾后生态修复等，提升志愿服务在紧急情况下的响应能力。

（4）将艺术融入生态环境志愿服务。组织志愿者和公众利用废旧物品创作艺术品，设计与生态环境相关的文创产品，通过艺术作品表达生态环境主题，如自然手册、手提袋、绿化纪念徽章，创"益"作品展览等，将保护生态的理念以生动的形式传递给社会，增强活动的参与性，还能持续传播环保理念。

第四章

生态环境志愿服务能力建设

生态环境志愿服务能力建设是生态环境志愿服务体系建设的重要一环，直接影响生态环境志愿服务的工作成效。《"美丽中国，志愿有我"生态环境志愿服务实施方案（2025—2027年）》明确提出"提升生态环境志愿服务能力素质"。面向生态环境志愿服务工作者、志愿服务组织负责人、志愿者等需要实施分级分类培训，推进培训资源建设，并通过各种活动加强生态环境志愿服务各相关方的沟通交流。生态环境志愿者能力的提升是一个循序渐进的过程，是促进志愿者从"一腔热血"迈向"专业担当"的根基[①]，因此要根据具体工作要求，对生态环境志愿者进行服务能力培训和服务过程管理。

本章主要从生态环境志愿者的招募、培训、指导与激励以及权益与保障等四个方面，分析生态环境志愿者的能力建设与管理的全过程。

---

① 魏智勇.如何提升生态环境志愿服务能力？ [N].中国环境报，2025-04-15.

第一节　生态环境志愿者的招募

志愿者的招募工作为生态环境志愿服务提供了重要的人力资源保障，根据生态环境志愿服务工作的需要，通过科学的规划，可以确保招募到合适的志愿者，进而提高志愿服务的整体水平。

一、生态环境志愿者的基本条件

生态环境志愿者作为促进生态文明建设、推动环境保护的重要力量，在生态环境志愿服务中扮演着重要角色。要成为一名合格的生态环境志愿者，不仅需要怀揣对大自然的热爱与敬畏之心，还需具备以下几个方面的基本条件。

（一）热爱环保事业，具备奉献精神

热爱环保事业是生态环境志愿者应该具备的基础条件。热爱是一种情感的倾向，更是一种行动上的执着与追求。生态环境志愿者应当对环境保护充满热情，愿意为改善生态环境、维护生态平衡贡献自己的力量。这种热爱源于对人与自然关系的深刻认识与尊重，体现在日常生活中对环保理念的践行，以及在志愿服务中的积极参与等。

奉献精神是生态环境志愿服务的核心所在。志愿者应不计报酬，不辞辛劳，将个人时间和精力投入环保事业。他们甘于在幕后默默付出，在为公众提供环保教育、参与环境整治、监督企业排污等志愿服务中，以实际行动诠释环保精神，激发更多人的环保意识。

值得注意的是，在志愿者招募中也会遇到一些困难，诸多正处于事业发展期的青壮年或中年人士虽热爱环保事业，但快节奏且压力大的生活往往会削弱他们的参与热情，[①] 因此在招募工作中也要注意激发志愿者的参与热情等。

（二）掌握环保知识，具备专业技能

生态环境志愿者在参与志愿服务时，往往需要运用一定的生态环境方面的专业知识和专业技能。这些专业知识和专业技能包括但不限于环境监测、污染治理、生态保护、生物多样性保护等方面的基本原理和方法。掌握这些专业知识和专业技能，有助于志

---

① 中国志愿服务研究中心，中国志愿服务研究中心浙江（宁波）分中心. 志愿服务概论 [M]. 北京：社会科学文献出版社，2022.

愿者更好地理解环境问题，更有效地开展志愿服务。

例如，在参与植树绿化活动时，志愿者需要了解不同树种的生长习性和种植技巧，以确保植树成活率；在参与环保宣传活动时，志愿者需要具备良好的沟通能力和表达能力，能够用通俗易懂的语言向公众传递环保理念。

此外，随着科技的不断进步，生态环境志愿者还需要不断学习新的环保技术和方法，如利用大数据、人工智能等技术手段进行环境监测和分析，以提高志愿服务的效率和准确性。

（三）具有民事行为能力，能够自我保护

志愿者需要具备完全民事行为能力，能够理智地判断自己的行为后果，并承担相应的责任。志愿者在参与志愿服务时，必须遵守法律法规，尊重他人权益，不从事任何违法违规的行为。

同时，生态环境志愿者在参与具有一定风险性的志愿服务时，如野生动植物保护、极端天气下的环境监测等，需要具备良好的自我保护意识和能力。他们应了解可能遇到的风险和挑战，掌握基本的自救和互救技能，以确保自身及同行者的安全。

对于未成年人等限制民事行为能力人来说，应避免让他们参与具有较高风险性的志愿服务活动，必要时可以在监护人的陪同或指导下参与一些适宜的环保志愿服务活动，如参与社区垃圾分类活动等。

（四）具备良好的身体素质和心理素质

良好的身体素质是生态环境志愿者参与志愿服务的基础。志愿服务往往需要在户外进行，面对复杂多变的自然环境和气候条件，志愿者需要具备较强的身体适应能力和耐力。他们应保持良好的作息习惯，加强体育锻炼，以提高身体素质和免疫力。

生态环境志愿者在参与志愿服务时，可能会遇到各种困难和挑战，如环境污染的严峻形势、公众环保意识的淡薄等。这些困难可能给志愿者带来一定的心理压力和挫折感。因此，志愿者需要具备良好的心理素质，能够积极面对困难，保持乐观向上的心态，不断调整自己的情绪和心理状态。

（五）具备团队协作精神和跨文化交流能力

生态环境保护是一项长期且艰巨的任务，需要社会各界的共同努力。生态环境志愿者在参与志愿服务时，往往需要与不同背景、不同领域的人进行合作。因此，需要具备良好的团队协作精神和跨文化交流能力。

志愿者应学会倾听他人的意见和建议，尊重他人的劳动成果和贡献，积极与他人

沟通交流，共同解决问题。同时，他们还需要了解不同文化背景下的环保理念和做法，以更加开放和包容的心态参与跨地域合作或国际合作与交流，为推动全球环保事业的发展贡献自己的力量。

二、生态环境志愿者招募的基本原则

志愿者作为生态环境保护工作的重要组成力量，其招募工作直接影响志愿服务活动的效果和可持续性。为确保志愿者招募工作的规范性、有效性和广泛参与性，招募过程中需遵循以下基本原则。

（一）自愿参与原则

自愿性是志愿活动的根本原则。生态环境志愿者应基于个人意愿参与，而非受外部强制或利益驱动。志愿者参与环境保护活动应出于对自然的热爱、对社会的责任感以及对可持续发展的追求。自愿参与原则不仅体现了志愿者的主动性，还能确保其在活动中保持积极性和责任感。

在实践中，招募单位应尊重志愿者的个人选择，避免通过强制或变相强制的方式吸引参与者；同时，应为志愿者提供明确的活动信息和参与方式，帮助其作出自主决策。

（二）平等原则

平等原则强调招募志愿者时，应面向所有符合条件的社会成员，不论性别、年龄、职业、教育背景或社会地位。在招募公告中，避免歧视性条款，只要具备相应的能力和条件，每个人都有平等的参与机会。生态环境保护工作的广泛性决定了志愿服务活动需要多元化的参与者，以形成更强大的社会合力。

（三）公益性原则

生态环境志愿者的招募宗旨是服务社会、保护环境，而非追求经济利益。公益性原则要求志愿者和志愿组织始终以公共利益为导向，避免活动的商业化和利益化。志愿者应本着公益之心，致力于生态环境改善和可持续发展。

公益性原则还要求生态环境志愿组织确保资源的合理使用，避免浪费和滥用。例如，在旧物再生工作坊、手工艺术坊等活动中，应注重实际效果，而非形式主义。

（四）可持续性原则

生态环境的保护是一项常态化的工作，因而生态环境志愿者活动也应保持可持续性。可持续性原则要求招募单位在设计活动时考虑长期目标，而非仅仅追求短期成效。例如，"衣旧情深"项目既要关注回收旧衣物的数量，也要注重后期清洗和利用率。

此外，可持续性原则还要求志愿者具备长期参与的能力和意愿。招募单位应通过培训、激励和保障机制，增强志愿者的归属感和责任感，促使其持续参与。

（五）专业性与普及性相结合原则

生态环境志愿服务既需要专业人才，也需要普通公众的广泛参与。专业性原则要求在某些特定领域，如生态监测、环境教育、法律咨询等，招募具备相关知识和技能的志愿者，以确保活动的科学性和有效性。

普及性原则强调生态环境保护的全民参与性。通过设计简单易行的活动，如垃圾分类、环保宣传等，吸引更多公众参与，提升全社会的环保意识。专业性与普及性相结合，既能保证活动质量，又能扩大社会影响力。

三、生态环境志愿者招募的基本流程

生态环境志愿者的招募是推动生态环境保护事业的重要一环，通过科学、规范的招募流程，能够吸引到热心环保事业、具备社会责任感的个人或团体，确保志愿服务队伍的质量和稳定性。生态环境志愿者招募的具体流程如下。

（一）确定招募需求

招募流程的第一步是明确招募需求。组织方需要根据具体的项目或活动，确定所需的志愿者数量、技能要求、时间安排等。招募需求的评估与确认是生态环境志愿者招募工作的基础，直接影响后续的招募计划和实施。

需求分析主要是根据活动的性质和规模，分析所需的志愿者类型。例如，生态绿化活动可能需要大量体力较好的志愿者，而社区调研活动则需要具备良好沟通能力的志愿者。在设置岗位时要明确志愿者的具体职责和任务，如宣传推广、现场协调、技术支持等，确保招募工作有的放矢。

（二）制订招募计划

在明确招募需求后，组织方需要制订详细的招募计划，包括招募时间、渠道、方式、预算等。招募计划应具有可操作性和灵活性，能够根据实际情况进行调整。

在制订招募计划时要充分考虑到三个因素：一是时间安排，确定招募的起止时间，确保有足够的时间进行宣传、筛选和培训；二是渠道选择，根据目标群体的特点，选择合适的招募渠道，如线上平台、线下宣传、合作机构等；三是预算规划，估算招募所需的费用，如宣传材料制作、面试场地租赁、志愿者补贴等。

（三）发布招募信息

招募信息是吸引志愿者的关键。组织方可以通过多种渠道发布招募信息，确保信息能够覆盖到目标群体。招募信息应简洁明了，突出活动的意义和志愿者的参与价值。

具体的招募信息包括活动背景、志愿者职责、报名方式、时间地点等。在确定了招募信息后可以通过多种传播渠道进行发布和宣传，如通过官网、社交媒体、志愿者服务平台等线上渠道，以及社区、学校、企业等线下渠道。

2024年4月22日"世界地球日"期间，蚂蚁森林项目与甘肃省林草局合作，通过官方，组织招募了大学生等青年志愿者参与甘肃省国土绿化项目，在长城镇大湾村开展2024年蚂蚁森林春种行动，共同栽种了沙生灌木花棒林。这类由政府主管部门、学校和企业联合招募的方式对参与者来说更加具有组织号召力。

（四）公开报名通道

为了方便志愿者报名，组织方需要建立便捷的报名途径。报名途径应简单易操作，能够快速收集志愿者的基本信息。

报名方式基本分为两种：一是线上报名，即通过官网、社交媒体或志愿者服务平台设置报名链接，志愿者可以在线填写报名表；二是线下报名，有意愿的民众可以在社区、学校、企业等场所设置报名点，志愿者可以现场填写报名表。

（五）筛选录用

在志愿者报名后，组织方需要根据报名者的背景、技能和意愿进行筛选，确保其符合活动的要求。对于部分志愿者，组织方可能需要进行面试或电话沟通，进一步了解其能力和态度。

一般要根据志愿服务活动的具体要求，初步筛选出符合条件的志愿者，如某些活动可能需要志愿者具备一定的环保知识或实践经验等。

初步筛选后需要进行面试沟通，通过线下面试或电话沟通，了解志愿者的参与动机和能力，确保其具备参与活动的能力和热情。

（六）注册与建档

在完成筛选和面试后，组织方确定最终的志愿者名单，并通过邮件、短信或电话等方式通知入选者。同时，组织方还需要为志愿者进行注册，建立志愿者档案，记录其基本信息、参与活动情况等，方便后续管理和联系。

生态环境志愿者的招募是一个系统化、规范化的过程，通过科学、规范的招募流程，能够吸引到热心环保事业、具备社会责任感的志愿者，确保志愿者队伍的质量和稳定性。

　　四川省绿色江河环境保护促进会（以下简称绿色江河）是在生态环境保护志愿服务方面比较有影响力的机构，其致力于推动和组织江河上游地区自然生态环境的保护行动，该组织自 1995 年成立以来开展了多个环保项目。[①]其中，自 2012 年起，绿色江河实施的"两个人的冬天"项目持续在每年冬季招募夫妻 / 情侣志愿者到"青藏绿色驿站格尔木驿"和"长江源水生态环境保护站"等地开展志愿服务工作。该组织的招募公告上明确列出项目背景、志愿者工作职责、具体注意事项以及志愿者在服务中的收获与保障等信息。该项目通过多种渠道发布招募公告，志愿者到官网在线注册并填写个人简历及志愿服务动机和意向等，经过初选、面试、体检等环节确定是否正式录用。

　　在志愿者的招募工作中，招募公告的设计直接影响志愿者的报名情况。通过绿色江河实施的"两个人的冬天"项目，可以看出，一份规范的志愿者招募公告中，首先要体现出项目的特色，以激发相关人士参与项目的热情；其次要明确志愿服务的时间、地点、工作内容及对志愿者能力的要求等，以确保志愿者对项目有足够的了解进而确定是否报名；再次要清楚地告知志愿服务中可能存在的风险或困难；最后明示志愿者在服务过程中的权益、保障、预期的收获等信息。

　　志愿者招募工作的常态化和规范化有助于促进生态环境保护工作人力资源的建设，这样志愿服务才能保持长期性、稳定性和可持续性，才能让生态环境保护工作落到实处，而不是走过场，搞形式主义。

第二节　生态环境志愿者的培训

　　《"美丽中国，志愿有我"生态环境志愿服务实施方案（2025—2027 年）》中明确指出，"组织动员广大人民群众积极参与生态环境保护事务，以实际行动践行习近平生态文明思想"，因此提升志愿服务能力建设是志愿服务体系建设的核心内容。我国生态环境志愿服务在实践中积累了丰富的经验，通过系统化、组织化的培训，可以有效提升志愿者的服务能力，确保志愿服务活动高效开展和可持续发展。

---

① 四川省绿色江河环境保护促进会官网（https://www.green-river.org/）。

一、生态环境志愿者培训的意义

（一）提升环保意识，增强社会责任感

生态环境志愿者培训的首要意义在于提升志愿者的环保意识。通过系统的培训，志愿者能够深入了解当前全球及本地环境问题的严峻性，如气候变化、生物多样性减少、水资源污染等。这些认知不仅能激发志愿者的环保热情，还能增强他们的社会责任感，促使他们主动参与志愿服务行动，成为推动生态文明建设的重要力量。

（二）提升专业技能，提高实践能力

生态环境志愿者培训不仅是理论知识的传授，更注重实践技能的培养。通过培训，志愿者可以掌握污染防治、生态修复、环境监测等实用技能，这些技能的提升有助于环境保护工作的开展，同时能为志愿者个人职业发展提供支持。

（三）促进公众参与，推动社会共治

能力建设是生态文明理念的"播种机"。通过培训提升志愿者志愿服务能力，进而推动生态文明理念深植人心，并转化为全民行动，从而有效弥补政府治理盲区[①]，推动环境治理从政府主导转向社会共治，形成多元主体协同发力的良好局面。

（四）提升服务质量，确保可持续性

经过专业培训的志愿者能够更好地理解志愿服务的意义，提升服务质量，确保志愿活动的有效性和可持续性。例如，在组织与公众互动时，经过培训的志愿者能够更专业地解答公众疑问，更有效地传递环保信息。这种高质量的志愿服务不仅能提升活动效果，还能增强公众对环保工作的参与度和支持率。

二、生态环境志愿者的培训形式

（一）线下集中培训

线下集中培训是传统的培训形式，通常通过组织志愿者参加专题讲座、研讨会或工作坊的形式进行。这种形式的优势在于针对性强，志愿者可以与培训教师和其他参与者面对面交流，及时解决疑问。

1. 专题讲座

专题讲座形式的培训具有高效且集中的特点，通常由环保领域具有专业性和权威性的专家、学者或资深从业者主讲，内容涵盖环境保护的理论知识、政策解读、技术

---

① 魏智勇. 如何提升生态环境志愿服务能力？[N]. 中国环境报，2025-04-15.

应用及案例分析等。在专题讲座中，讲师可以结合实际案例，深入浅出地讲解环保热点问题，分享最新的环保科研成果，或者解读国家环保政策，帮助志愿者了解环保工作的背景和意义。此外，专题讲座还可以设置互动问答环节，鼓励志愿者提问，促进双向交流，加深对知识的理解。

这种形式适合在短时间内向志愿者传递系统化的知识，同时通过互动环节增强学习效果。组织者还可以在讲座结束后提供学习资料或录制视频，方便志愿者复习和巩固所学内容。

2. 工作坊

工作坊形式的生态环境志愿者培训是一种互动性强、注重实践的学习方式，通常以小规模、分组协作的形式进行，旨在通过动手操作和团队合作，帮助志愿者深入理解生态文明建设的知识并掌握实用技能。与传统的讲座式培训不同，工作坊更强调志愿者的体验性和现场互动性，适合解决具体问题或开展专项技能培训。

在工作坊中，志愿者可以通过模拟场景、案例分析、角色扮演等方式，学习碳足迹计算、生态修复、雨水花园共建、环境监测等实用技能。例如，组织者可以设计一个废旧物品工艺坊，让志愿者亲手操作制作工具，制作出具有创意的手工艺术品，并通过小组讨论总结分享。

3. 考察与实践活动

实地考察与实践是一种以亲身体验为核心，对生态环境志愿者非常有效的培训学习方式。通过组织志愿者前往生态保护区、环保项目现场或污染治理区域进行实地考察和实践活动，帮助志愿者将理论知识与实际操作相结合，有利于深化对专业知识与技能的理解与运用。

在这种培训形式中，直观性和体验性较强，志愿者可以亲眼观察生态环境现状，了解环境保护的实际挑战和解决方案。例如，东莞市生态环境局虎门分局联合相关部门到东实循环经济环境教育基地开展"义起来 更精彩"活动，到虎门镇开展"共建无废城市"亲子生态研学活动。基地讲解员带领亲子家庭参观"循环经济"主题科普展馆；到生活垃圾焚烧发电作业区参观垃圾焚烧项目，通过玻璃观看垃圾仓内垃圾堆积如山的震撼场景，详细了解垃圾焚烧转化为电能的神奇过程；通过组织参观者观看《垃圾去哪儿》影片，逐步引导参与者重塑"绿色生活"理念，系统地了解当前生态环境状况。[①]

---

① 虎门：生态环境志愿者共同见证垃圾"变废为宝"[EB/OL].（2024-07-31）[2025-03-18]. http://dgepb.dg.gov.cn/zwgk/fjdt/content/post_4245920.html.

在"美丽新兴与爱同行"环保志愿者培训活动中，除讲解理论知识外，培训结束后，当地社会工作者带领志愿者到六祖河段开展清理垃圾的实践活动，同时呼吁行人文明观景不乱扔垃圾，此次培训活动取得了一举两得的效果。[①]

通过实地考察，志愿者不仅能学到实用的生态环境知识，还能将所见所闻传递给更多人，成为环保理念的传播者和实践者。

4. 其他形式

我国目前的生态文明教育场馆主要有展厅场馆类、自然生态类、科研院所企业类、环境治理设施类等，它们均可成为有效的培训载体。很多博物馆和科技馆设有环保主题展览和互动体验区。例如，中国科学技术馆内设有环保主题展区，提供互动式学习体验；自然博物馆展示生物多样性、生态系统等内容，供志愿者学。另外也可通过任务小组形式开展培训，主要是将接受培训的志愿者分成若干任务小组，共同协作完成相应的环保任务，如古树认养、社区堆肥示范等。

（二）线上网络培训

随着互联网技术的发展，线上网络培训成为一种灵活且高效的培训形式。各类线上资源渠道多元、资料丰富，主要有以下几种形式。

1. 云会议室

志愿者组织可以利用各类云会议室开展线上课堂，如腾讯会议、钉钉等。

2. 政府部门或环保组织官方网站

我国的生态环境部和各省（区、市）的生态环境厅官网上，会适时发布环保政策、法规解读及科普知识；中国环境科学学会也会定期提供环保科普文章、在线讲座和培训课程等。

另外，国际范围内的政府部门或机构网站上会提供诸多相关信息，如联合国环境规划署官网，提供全球环境报告、政策解读和培训资源，适合志愿者了解国际环保动态，帮助志愿者学习国际经验。

3. 社交媒体

各类社交媒体与视频平台也是志愿者获取环保知识的便捷渠道，如B站（哔哩哔哩）中会有许多UP主分享环保科普视频；各级各类环保社会组织及个人也会通过微信公众号等发布环保知识和活动信息。

---

① 新兴共青团微信公众号。

三、生态环境志愿者的培训内容

生态环境志愿者肩负着践行环保行动、传播环保理念的重要使命，需要具备多方面的知识与能力才能有效开展志愿服务。

（一）志愿服务理念

生态环境志愿服务的核心理念是"人与自然和谐共生"，对生态环境志愿者服务理念的培训要紧紧围绕这一目标，可以从责任意识、行动原则、价值导向三个层面构建志愿者的思想基础。

1. 强化责任，唤醒生命共同体意识

"共同构建地球生命共同体"[①]是习近平总书记站在促进人类可持续发展的高度，提出的破解当前人类发展困境、解决全球性生态环境问题的重大创新理念。人类是生态系统的参与者而非主宰者，人类有责任参与到维护共有生命家园的行动中。通过有关生物多样性锐减或者气候变化的纪录片，以及生态破坏对比资料等直观素材，引导志愿者从"旁观者"转向"责任主体"，实现由"要我行动"到"我要行动"的转变。

2. 坚守原则，尊重科学与法律

志愿服务需遵循"科学指导、依法行动、公众参与"的基本原则，因此要在志愿培训过程中强化志愿者的科学精神和法律底线，既要学习基础生态知识，避免"好心办坏事"，也要遵守法律底线，通过普及《中华人民共和国环境保护法》《中华人民共和国野生动物保护法》等法律，明确合法行动边界。

3. 价值引领，注重长期主义与代际传承

在培训中要注意对志愿者的志愿服务动机等进行正确的价值引领，志愿服务应摒弃急功近利的功利主义，注重长期主义。因此，设计志愿服务活动时要考虑行动的可持续性和可复制性。另外，可以通过如"环保小课堂""亲子自然观察"等活动，向青少年传递生态价值观，实现生态观念和生态环境保护意识的代际传承。

综上所述，志愿服务理念的培训旨在将志愿者从"活动参与者"转化为"生态文明的传播者与守护者"，通过理念的建立或转变，推动生态环境志愿服务从"形式化"迈向"常态化"和"专业化"。

---

① 习近平在《生物多样性公约》第十五次缔约方大会领导人峰会上的主旨讲话（全文）[EB/OL].（2021-10-12）[2025-03-18]. https://www.gov.cn/xinwen/2021/10/12/content_5642048.htm.

（二）生态环境保护知识

1.基础生态学知识

根据服务的细分领域不同，志愿者需要了解生态系统组成、结构、功能及演替规律，掌握生物多样性、生态平衡、生态位等基本概念。

2.环境问题认知

作为生态环境领域的志愿者，要熟悉当前面临的主要环境问题，如气候变化、环境污染、资源枯竭、生物多样性丧失等，了解其成因、危害及应对措施。

3.环保法律法规

掌握国家及地方相关环保法律法规，如《中华人民共和国环境保护法》《中华人民共和国水污染防治法》《中华人民共和国大气污染防治法》等，明确自身权利义务。

（三）专项技能培训

根据不同的服务项目，志愿者需掌握一些专业技能。专项技能培训就是为志愿者提供所需的专业知识和实用技能，使其能够胜任具体的工作任务。

例如，对于参与环境监测项目的志愿者，需提供关于环境监测数据采集、处理和分析的培训；而生物多样性保护项目中的志愿者需了解特定物种的保护要求，以及如何进行野外调查工作，因此要对其进行动植物保护知识方面的培训。又如，对于荒漠化防治项目的志愿者，需要进行植物沙障的栽种、养护等方面的技能培训。

总之，需要根据具体的工作领域开展行之有效的相关技能培训，确保活动顺利实施。

（四）沟通与协作能力

1.沟通与协调能力

生态环境志愿者在具体的服务中可能需要与政府部门、企业、社区、学校、公众等各方进行沟通与协作，因此要尽量使用简洁易懂的语言传递信息，根据不同受众来调整沟通方式。例如，近年来因环境问题引发的信访或群体性事件总量攀升，急需相关部门及相关人员协同解决。中共中央社会工作部负责统筹指导人民信访工作、全国志愿服务工作等，因此可调动具有良好沟通能力的生态环境保护领域的志愿者在其中发挥调解作用。

2.倾听与共情能力

能够在服务过程中主动倾听他人的观点、倾听公众对环境问题的意见和建议，及时澄清疑问，确保准确理解对方的需求和意图，并通过语言和非语言等的互动给予积极回应。

（五）宣传与组织能力

1.公众宣讲能力

生态环境志愿者需要具备清晰、准确、生动地向公众讲解环保知识的能力，以提高公众环保意识，如在"海绵城市"建设过程中进行绿地相关知识的宣讲，需要将专业知识转化为公众易于理解的科普内容。

2.活动策划能力

在实际工作中，志愿者能够根据具体情况，策划组织各类环保宣传活动，如环保讲座、低碳生活推广、绿色社区评审等。

3.团队协作能力

能够在志愿服务团队中与其他工作人员或志愿者进行团队协作，组建和管理志愿者团队，明确分工，协调合作，确保活动顺利进行。

4.资源整合能力

能够整合各方资源，为环保活动提供人力、物力、财力支持。

（六）安全与应急能力

生态环境志愿者在从事志愿服务的过程中可能遇到各类风险因素，需要志愿者具备基本的安全意识，能够识别潜在的风险，了解并遵守相关安全规定和操作流程，并能够进行正确的应急处置，如突发自然灾害、野生动物威胁、有毒物质等。

1.急救技能

从事生态环境志愿服务的志愿者应掌握心肺复苏（CPR）、止血、包扎等急救技术，尤其是在户外进行服务时，能够处理常见的伤害，如中暑、骨折、烧伤等。

2.应急逃生

熟悉逃生路线和避难场所，能够在紧急情况下迅速撤离。掌握火灾、洪水等灾害的逃生技巧。

3.环境风险评估

能够评估工作环境中的潜在风险，如天气、地形、生物威胁等，根据评估结果采取适当的防护措施。

4.应急通信

熟练使用对讲机、手机等通信工具，了解应急通信协议和常用的求救信号，确保紧急情况下能及时联络救援组织。

5.装备使用

熟练使用安全装备，如救生衣、头盔、防护服等。了解并正确使用应急设备，如灭火器、急救箱等。

另外，根据具体岗位的不同，可能还需要志愿者具备一定的外语能力，便于参与国际环保组织的交流与合作。在网络及媒体如此发达的时代，通常还会要求志愿者具备基础拍摄技能和新媒体运用能力。

需要注意的是，以上各项主要技术和能力并非要求每位志愿者必须全部具备，可以根据自身兴趣、特长以及实际工作的需要，进行有针对性的培训。

四、生态环境志愿者培训的具体流程

（一）明确培训需求

在正式进行培训之前可以通过问卷调查法、访谈法、实地观察法等具体的研究方法，了解志愿服务岗位的需求和志愿者的需求，在实际培训中将二者有效对接，进而提高培训精准性和针对性。

1.确定志愿服务岗位的需求

不同岗位对志愿者的知识、技能和素质要求各不相同，因此必须根据志愿服务岗位特点制定针对性的培训内容。

首先，要进行岗位类型分析。例如，生态监测员需要掌握环境监测设备的使用方法，并具备数据分析技能；环保宣传员则需要具备良好的沟通能力和环保知识储备。

其次，要进行岗位职责梳理，明确每个岗位的核心职责和工作内容，确保培训内容与实际工作紧密结合。例如，碳足迹计算志愿者需要掌握国际主流碳核算标准，熟练运用碳足迹计算器，具备多源数据的规范化采集、交叉验证及不确定性分析能力。

最后，要明确该岗位对志愿者技能的要求，也就是根据岗位需求，列出志愿者需要掌握的核心技能。例如，湿地保护志愿者需要学习湿地生态系统的知识，以及如何观察识别和保护湿地珍稀鸟类。

2.志愿者需求

除了岗位需求外，还需要充分了解志愿者自身的需求，包括他们已有的知识基础、学习兴趣和参与动机。

首先，对志愿者知识水平进行评价，通过问卷调查或访谈，了解志愿者的环保知识基础。例如，是否有相关专业背景，是否参加过类似的培训或活动。在培训过程中注意筛选志愿者队伍中的骨干人员和一般人员，加强骨干力量的培训。

其次，对志愿者的学习兴趣进行调查，了解志愿者对哪些环保主题感兴趣，如气候变化、生物多样性保护、自然教育等，以便设计更吸引人的培训内容。

最后，摸清志愿者的参与动机，了解志愿者参与环保活动的动机，如个人兴趣、社会责任、职业发展等，从而设计更有针对性的培训方案，激发他们的参与热情。

（二）制订培训计划

在确定了培训的基本需求后，就要根据需求拟订具体的培训计划，一份完整的培训计划主要包括以下几部分内容。

1. 设定培训目标

生态环境志愿者的培训目标可以分为三类：①知识目标，即在生态环境志愿服务过程中所需要的具体知识；②技能目标，即志愿者在生态环境志愿服务过程中的实践操作技能；③情感和态度目标，即激发和强化生态环境志愿者的环保意识和社会责任感，培养他们的团队合作精神等。

2. 设计培训内容

志愿者的培训内容要充分依据统一的志愿服务标准进行，除了对整个志愿服务体系进行介绍之外，还包括：①理论知识，包括环保基础知识、政策法规以及生态保护技术等；②实践技能，如环境监测设备使用、生态修复技术等；③志愿服务礼仪及技巧，包括与公众沟通的技巧、团队协作能力以及应对突发情况的处理方法。

3. 选定培训形式

根据培训内容和志愿者特点，选择合适的培训形式。其中线下集中培训适合需要面对面互动和实践操作的培训内容；线上网络培训适合理论知识的学习，方便志愿者随时随地参与；实地考察与实践适合需要亲身体验的培训内容，如湿地保护或企业环保设施等。

4. 确定培训教师

对于志愿者自我发展的训练，有经验的组织管理者或志愿者均可作为培训教师，而涉及生态环境专业方面的培训则需要专业教师、经验丰富的管理者或相关专家进行培训。因此，志愿服务组织要具备链接不同领域的专家或学者的能力，建立自己的师资库，确定培训内容后根据具体要求联系相应老师。

5. 安排培训时间与地点

培训时间通常根据志愿者的时间安排和培训内容的特点来确定，有关志愿服务的

理念、礼仪方面内容，一般需要半天时间。而要展开系统的生态环境保护知识的培训则需要 2 ~ 3 天，甚至更长时间。

培训地点的安排要结合培训内容来确定。一般来说，理论知识的培训需要在培训教室开展，而实践技能的训练则更多需要到服务现场开展。

6. 预算培训费用

生态环境志愿者培训的费用通常包括培训教师劳务费、教学用具费、场地费、材料费等费用。在进行费用预算时既要考虑可支配的经费数额，也要考虑培训的实际效果，避免出现铺张浪费或者过度削减经费而影响培训效果的情况。为提升培训成效，需要保障资源投入，将能力建设经费纳入财政预算，提供资金保障；拓宽筹资渠道，鼓励企业和社会组织支持能力建设。

（三）实施培训计划

1. 培训前的准备工作

在培训开始前，需要做好充分的准备工作，确保培训顺利进行。首先是根据需要邀请讲师，如环保专家、学者或资深从业者，确保培训内容的专业性和权威性；其次是培训材料的准备，包括教材、PPT、视频等学习资料，以及实践操作所需的工具和设备；最后是需要提前通知志愿者培训的时间、地点和内容，确保他们能够准时参加。

2. 培训过程中的管理与协调

在培训过程中，需要做好管理和协调工作，确保培训按计划进行，其中包括签到与分组，互动与反馈，鼓励志愿者提问和参与讨论，及时解答他们的疑问，并根据反馈调整培训内容。

另外，也要做好安全保障工作，在实践活动中，确保志愿者的出行安全，提供必要的防雨、防晒、防蚊虫叮咬的装备和指导。

3. 培训后的总结与反馈

培训结束后，组织志愿者进行总结和反馈，帮助他们巩固所学知识。可以通过总结分享的形式组织志愿者分享学习心得和实践经验，促进交流与学习；也可以通过反馈收集的方式了解志愿者对培训内容、形式和授课质量的反馈，为后续培训改进提供依据。

（四）评估培训效果

1. 知识掌握情况评估

可以通过测试或考核，评估志愿者对培训内容的掌握情况。理论知识的掌握程度可以通过设计一份涵盖基础知识、政策法规等内容的测试题进行学习效果的评估检测得到，而实践技能的考核则可以观察志愿者在实践操作中的表现，评估他们的技能掌握情况。

2. 培训满意度调查

培训组织可以通过问卷调查，了解志愿者对培训内容、形式和讲师的满意度。

3. 培训效果跟踪

培训课程结束不意味培训的结束，还需要通过跟踪志愿者的实际工作表现，评估培训的长期效果。例如，对实际工作表现进行观察，评估他们是否能够将所学知识应用于实践；也可以在培训后给予持续支持与指导，如定期组织志愿者交流活动，提供后续支持和指导，确保培训效果的持续性。

通过以上四个步骤，生态环境志愿者培训的基本流程得以全面实施。从明确培训需求到评估培训效果，每个环节都至关重要，确保通过培训能够真正提升志愿者的知识、技能和素质水平。

总体而言，生态环境志愿服务能力建设需要培训资金、场地、师资、课程、专业仪器设备等资源支持，然而许多生态环境志愿服务组织却因资源严重短缺而难以满足志愿服务能力建设的需求[1]。因此培训所需资源的整合与调配工作成为志愿服务组织发展的重要影响因素。

第三节　生态环境志愿者的指导与激励

对志愿者进行指导与激励可以更好地促使志愿者在服务过程中高效、规范地完成工作任务。以下结合具体案例，探讨生态环境志愿者的激励策略和方法。

一、生态环境志愿者的指导

（一）生态环境志愿者指导的概述

1. 生态环境志愿者指导的定义

生态环境志愿者的指导是指在志愿者服务过程中，由专业人员或资深志愿者对志愿者进行指导、引导和支持的过程。其目的是帮助志愿者在服务过程中不断成长和提

---

[1] 魏智勇. 如何提升生态环境志愿服务能力？[N]. 中国环境报，2025-04-15.

升能力，确保志愿者能够高效、规范地完成工作任务。就生态环境志愿者而言，指导不仅是对志愿者个人能力发展的重要支持，也是工作质量的保障。

2.生态环境志愿者指导的核心目标

对志愿者进行指导的目标主要有以下四个方面：一是提升服务质量，通过指导，确保志愿者在环境保护活动中的行为规范、操作标准，从而提高服务效果；二是支持志愿者成长，通过指导和反馈，帮助志愿者提升环保知识、技能和服务能力；三是解决问题与冲突，在志愿服务过程中，及时解决志愿者遇到的困难或团队内部的冲突，确保活动顺利进行；四是维护志愿者权益，关注志愿者的身心健康，确保他们在服务过程中得到充分的尊重和支持。

（二）生态环境志愿者指导的形式

对生态环境志愿者进行指导时，可以根据志愿服务的实际情况采用不同的形式，表 4–1 是几种常见的指导形式。

表 4–1　生态环境志愿服务常见的指导形式

指导方式	含义	适用情境	优势	实施方式
一对一指导	指导者与志愿者之间建立直接的指导关系，针对志愿者的具体需求提供个性化的支持	适合新手志愿者或需要特殊支持的志愿者	针对性强，能够根据志愿者的具体问题提供精准指导	通过定期面谈、电话沟通或在线交流，了解志愿者的需求和困难，并提供解决方案
小组指导	指导者同时对一组志愿者进行指导，通常以小组讨论或团队协作的形式进行	适合团队协作的志愿服务项目	促进志愿者之间的交流与合作，增强团队凝聚力	通过定期的小组会议，讨论工作进展、分享经验、解决问题，并制订下一步计划
现场指导	指导者在志愿者服务现场进行实时指导和监督	适合需要实地操作的志愿服务项目	能够及时发现并解决问题，确保服务活动的规范性和安全性	指导者亲临服务现场，观察志愿者的操作，提供即时反馈和指导
远程指导	指导者通过电话、邮件、视频会议等远程方式对志愿者进行指导	适合志愿者分布较广或无法集中开展指导的情况	灵活便捷，不受地域限制	通过定期视频会议或在线沟通工具，了解志愿者的工作进展，并提供指导和支持

指导方式	含义	适用情境	优势	实施方式
培训式指导	将指导与培训相结合，通过培训对志愿者进行指导和监督	适合需要系统学习环保知识和技能的志愿者	将理论与实践相结合，帮助志愿者全面提升能力	在培训课程中设置指导环节，如案例分析或角色扮演等

（三）生态环境志愿者指导的内容

1. 工作指导

指导者需要对志愿者的具体工作进行指导，确保他们能够按照规范完成任务，如技术指导、流程指导。

2. 心理支持

志愿服务过程中，志愿者可能会遇到很多压力或挫折，指导者需要提供心理支持，包括情绪疏导，鼓舞志愿者的工作信心，激发志愿者的工作动力。

3. 反馈与评估

指导者需要定期对志愿者的表现进行反馈和评估，帮助他们改进和提升，可以采用即时反馈和定期评估两种方法。

4. 资源支持

指导者需要为志愿者提供必要的资源支持，确保他们能够顺利完成任务，包括工具与设备、信息与资料等。

通过多种形式的指导，志愿者不仅能高效完成任务，还能在服务过程中不断成长和提升。指导者需要根据志愿者的需求和项目特点，灵活选择指导形式，并提供全面的支持和指导。

二、生态环境志愿者的激励

（一）生态环境志愿者激励的含义

激励是指通过外部或内部的手段，激发个体的动机，使其朝着既定的目标努力，并保持积极的行为状态。哈佛大学的詹姆斯教授指出：如果没有激励，则一个人的能力发挥为 20% ~ 30%；如果施以适当的激励，则一个人通过自身的努力后能力发挥将达到 80% ~ 90%。[①] 对于生态环境志愿者而言，激励是通过一系列措施，激发他们参

①威廉·詹姆斯. 行为改变思想 [M]. 龙湘涛，编译. 海口：南海出版公司，2014.

与生态环境保护活动的热情，增强他们的责任感和成就感，从而推动生态文明建设事业的可持续发展。激励不仅是对志愿者付出的认可，更是对他们未来行动的引导和支持。

激励的核心在于满足志愿者的内在需求，包括自我实现、社会认同、学习成长等，同时通过外部奖励强化他们的行为。

（二）生态环境志愿者激励的原则

1. 多样性原则

志愿者的需求和动机各不相同，激励措施应多样化，以满足不同群体的需求。例如，年轻人可能更注重技能提升和社交机会，而年长者可能更看重社会认可和精神满足。因此，激励方式应涵盖物质奖励、精神奖励、成长机会等多个方面。

2. 及时性原则

激励应及时兑现，以强化志愿者的积极行为。如果激励措施延迟或不到位，可能会削弱志愿者的热情。例如，在完成一次大型环保公益活动后，及时颁发荣誉证书或给予公开表扬，能够有效增强志愿者的成就感。

3. 公平性原则

激励措施必须公平、透明，确保所有志愿者在同等条件下获得相应的回报。公平性不仅体现在物质奖励的分配上，也体现在精神奖励的认可上。例如，对于长期参与活动的志愿者和短期参与者，应根据其贡献程度给予不同的激励，避免"一刀切"的做法。

4. 可持续性原则

激励措施应具有可持续性，避免一次性或短期的激励方式。例如，可以建立志愿者积分制度，将志愿者的服务时长和贡献转化为长期奖励，如免费参加培训、优先参与环保项目等。

5. 参与性原则

激励措施的设计应充分听取志愿者的意见，确保激励内容符合他们的实际需求。例如，通过问卷调查、访谈或座谈会了解志愿者的期望，从而制定更贴近实际的激励方案。

（三）生态环境志愿者的激励机制

生态环境志愿服务组织在推进生态环境领域的志愿服务过程中，需要建立完善的激励机制。通过有效的激励措施，满足生态环境志愿者获得他人尊重、实现自我价值与社会价值等方面的精神需求，引导全社会关注生态环境志愿服务，鼓励更多的民众参与到志愿服务中。

生态环境志愿者的激励机制，可以从政府、社会、组织和个人等四个层面进行构建。[①]

1. 完善生态环境志愿者的政府激励机制

政府在志愿者激励中扮演着政策制定者和资源提供者的角色，一般可以采取以下四项措施。一是政府应出台相关政策，明确志愿者的权益和保障措施。二是荣誉表彰，通过设立官方认可的环保荣誉奖项，如"环保先锋""绿色之星"等，定期评选和表彰优秀志愿者，提升他们的社会地位和荣誉感。三是提供资金支持，政府可以通过购买服务或设立专项基金，为志愿服务组织提供资金支持，用于开展活动和实施激励措施。例如，为志愿者提供交通补贴、培训经费等。四是政府可以搭建志愿者服务信息平台，整合资源，为志愿者提供更多参与机会。例如，发布环保项目信息，方便志愿者报名参与。

2. 培育生态环境志愿者的社会激励机制

社会力量的参与能够为志愿者激励提供更多资源和支持，有利于形成良好的社会氛围。社会层面的激励机制主要包括三个方向：一是与企业合作，鼓励提供资金、物资或服务支持。例如，企业可以设立志愿者奖学金，或为志愿者提供免费体检、旅游门票等福利。二是媒体宣传，通过媒体报道优秀志愿者的事迹，提升他们的社会影响力。例如，制作志愿者专题节目或报道，传播他们的感人故事。三是社会组织联动，与其他社会组织合作，为志愿者提供更多资源和支持。例如，与教育机构合作开展环保培训，或与公益组织联合举办志愿者表彰活动。

3. 健全生态环境志愿服务组织的激励机制

生态环境志愿服务组织具体做法有以下四个方面：一是建立科学的评价体系，制定明确的评价标准，对志愿者的服务时长、贡献程度、参与积极性等进行量化评估。例如，引入积分制度，志愿者每参与一次活动或完成一项任务即可获得相应积分，积分可用于兑换奖励或提升志愿者等级。二是提供多样化的激励方式，根据志愿者的需求，提供物质奖励（如补贴、纪念品）、精神奖励（如荣誉证书、公开表扬）、成长机会（如

---

① 王全吉. 文化和旅游志愿服务与管理 [M]. 北京：北京师范大学出版社，2021.

培训、实践项目）和社交激励（如团建活动、交流平台）。三是设立晋升通道，为志愿者提供从普通成员到骨干、管理者的晋升机会，增强他们的成就感和归属感。四是加强保障措施，为志愿者提供必要的保障，如保险、交通补贴、餐饮补助等，解决他们的后顾之忧，特别是在大型活动或长期项目中。

4. 构建生态环境志愿者的自我激励机制

志愿者自身的动力是激励的核心，需要通过内在动机的激发实现自我激励。具体可以通过以下几种做法来实现自我激励。一是明确目标与价值，志愿者应明确参与环保活动的目标和意义，认识到自己的行动对环境保护和社会发展的重要性，从而增强责任感和使命感。二是提升自我能力，志愿者可以通过学习和实践不断提升自身能力，如参加专业培训、阅读相关书籍、参与项目策划等，实现个人成长和自我价值。三是建立社交网络，志愿者可以通过参与活动结识志同道合的朋友，建立社交网络，增强归属感和参与动力。例如，加入志愿者交流群或参与团队建设活动。四是记录与反思，志愿者可以通过记录自己的服务经历和感受，定期反思和总结，发现自己的成长和进步，从而增强成就感和持续参与的动力。

生态环境志愿者激励机制的构建需要多方共同努力。政府应提供政策支持和资源保障，志愿服务组织应健全内部激励体系，社会应营造良好的氛围，志愿者自身则应激发内在动力。通过多方联动、内外结合的综合激励体系，才能最大限度地激发志愿者的热情和潜力，推动环保事业的可持续发展。

（四）生态环境志愿者的激励形式

对志愿者的激励可以采用多种形式，主要有以下几种类型。

1. 物质激励

物质激励是最直接的激励方式，能够满足志愿者的基本需求。具体方式包括：①补贴和奖金，为志愿者提供交通补贴、餐饮补助或一次性奖金，特别是在大型活动或长期项目中；②实物奖励，发放环保主题的纪念品，如环保袋、水杯、文具等，既实用又有纪念意义；③积分兑换，建立志愿者积分商城，志愿者可用积分兑换礼品或服务，如电影票、图书、培训课程等。此种做法改变了志愿者单向付出的状况，将志愿服务的受益人群延伸至志愿者本身，也能够激励更多人从事志愿服务。[1]

湖南株洲"文明先行、绿色低碳"项目推出"时间银行"积分制度，志愿者参与

---

[1] 谭智赟，朱媛媛. 环境保护志愿服务 [M]. 南京：南京出版社，2023.

活动积累积分，可以兑换生活用品或服务，激发民众长期参与的热情。

2. 精神激励

精神激励能够满足志愿者的情感需求，增强他们的归属感和荣誉感。具体方式包括：①荣誉证书，为志愿者颁发荣誉证书或奖章，表彰他们的贡献；②公开表扬，通过社交媒体、官方网站或线下活动公开表扬优秀志愿者，提升他们的社会影响力；③故事分享，挖掘志愿者的感人故事，通过媒体报道或内部通讯进行宣传，增强他们的成就感。

广西壮族自治区宜州区龙头乡龙盘村村民、中国科学家协会会员彭兆幸 50 年如一日，以敬畏和善待自然的初心坚持在环保志愿服务与调查研究的第一线，为环保事业作出了重要贡献。彭兆幸荣获由生态环境部、中央文明办联合启动的"2020 年百名最美生态环保志愿者"称号，虽然他做环保不为名也不为利，但这个称号赋予他更大的影响力进而形成引领和示范效应。①武汉生态环境博士志愿服务团团长徐栋举办 140 余场科普讲座覆盖 120 万人次，其事迹被多家新闻媒体报道，提升了志愿者的影响力和荣誉感。②

3. 成长激励

成长激励能够帮助志愿者提升能力，实现个人价值。以下几种激励方式有助于志愿者的自我成长。①培训机会，为志愿者提供免费的专业培训、技能培训或领导力培训，帮助他们提升专业能力；②学习资源，提供环保相关的专业书籍、课程或研讨会资源，支持志愿者的学习和成长；③实践机会，为志愿者提供参与项目策划和管理的机会，帮助他们积累实践经验。

湖南省宁乡市环保志愿者协会近年来每年都组织两次骨干培训和全员轮训，涵盖环保政策、垃圾分类等内容，助力志愿者从普通的参与者成长为专业带头人。③

除以上三种重要的激励形式外，可以结合实际情况，采用社交激励、长期激励等方式，最大限度地激发志愿者的热情和潜力。同时，结合具体案例的实践经验，可以不断优化激励策略，提升志愿者的参与积极性和活动效果。

---

① "环保疯子"以梦为马的 50 年——记 2020 年最美生态环保志愿者彭兆幸 [EB/OL].（2020-06-23）[2025-03-18]. http://sthjt.gxzf.gov.cn/zwxx/qnyw/t5591769.shtml.
② 2025 武汉生态环境志愿服务行动启动，150 多位志愿者现场净滩河湖 [EB/OL].（2025-03-01）[2025-03-18]. https://view.inews.qq.com/k/20250301A05QYC00?web_channel=wap&openApp=false.
③ 2022 年百名最美生态环境志愿者（11）| 李可立：投身环保公益，凭的是一颗初心 [EB/OL].（2022-06-28）[2025-03-18]. https://www.163.com/dy/article/HATOF5QS0514C7JA.html.

生态环境志愿者是推动生态文明建设的重要力量，他们通过无私奉献和实际行动，为环境保护事业作出了重要贡献。然而，志愿者在服务过程中也面临着诸多挑战和风险，如缺乏保障、权益受损等问题，会直接影响生态环境志愿服务的质量。

一、生态环境志愿者权益的内涵

生态环境志愿者权益是指志愿者在参与生态环境志愿服务活动过程中，依法享有的权利和利益。这些权益既包括法律明确规定的权利，也包括基于志愿服务特点而产生的特殊权益。志愿者权益的核心在于保障其人身安全、人格尊严和劳动成果，同时为其提供必要的支持和回报，以激发其参与热情和持续性。

生态环境志愿者权益的含义可以从以下几个方面理解：在法律法规层面，志愿者权益受国家法律法规的保护，如《志愿服务条例》等明确了志愿者的基本权利和义务；在社会层面，志愿者权益是社会对志愿者无私奉献精神的认可和回报，体现了社会公平与正义；在组织层面，志愿者组织有责任为志愿者提供必要的保障和支持，确保其权益不受侵害；在个人层面，志愿者权益是志愿者个人价值的体现，包括获得尊重、认可和成长机会等。

二、生态环境志愿者的权益类型

在中国，志愿者的基本权益在《志愿服务条例》中做了明确规定。该条例于2017年6月7日由国务院第175次常务会议通过，自2017年12月1日起施行。《志愿服务条例》是中国首部专门针对志愿服务的行政法规，旨在规范和促进志愿服务事业的发展，保障志愿者、志愿服务组织和志愿服务对象的合法权益。

生态环境志愿者与其他领域的志愿者一样，拥有共同的基本权益，具体在本书第一章中已经详细阐述，不再赘述。

虽然生态环境志愿者的基本权益与其他志愿者没有大的差异，但是由于生态环境志愿者经常在野外环境中进行志愿服务，遇到恶劣或极端天气的可能性较大，如高温、暴雨、暴雪等，可能出现中暑、失温、滑倒等意外。另外也可能在山区、森林、湿地、沙漠等复杂地形中工作，而面临滑坡、泥石流、沼泽陷落等风险，在工作中也会遭遇

有毒昆虫、蛇类或其他野生动物的攻击等意外。因此"安全保障权"在生态环境志愿者群体中尤其重要，要做好防护与保障工作。

三、生态环境志愿者的权益保障

为了切实保障生态环境志愿者的权益，需要从法律、组织、政府和社会等多个层面采取有效措施。

（一）法律保障

相关法律法规明确了志愿者的权利和义务，为志愿者权益提供法律依据。例如，可推动《志愿服务条例》《中华人民共和国环境保护法》等的修订，增加对志愿者人身安全、人格尊严等方面的保护条款，加强对志愿者权益的司法保护，提高志愿者的法律意识和维权能力。在相关领域的生态环境保护法案中将志愿活动纳入法律保护范围，认可志愿服务的生态价值，提升志愿服务行动的合法性。志愿者在志愿服务过程中权益受到损害或工作受到阻碍时可以获得相关的法律支持与援助。

例如，在"湖北省老河口市人民检察院督促整治城市生活污水直排行政公益诉讼案"中，民主党派"益心为公"志愿者发现李家沟生活污水直排问题后，联合检察机关开展调查取证，推动住建部门整治破损管网。检察机关通过委托专业机构检测水质、制定整改方案，确保志愿者线索转化为有效司法行动，志愿者在办案过程中获得法律支持和流程规范保障。[①]

（二）组织保障

志愿服务组织必须制定完善的权益保障制度，明确志愿者的权利和保障措施。可以通过制定志愿者服务手册，详细说明志愿者的权益和保障内容。同时要为志愿者提供必要的保障和支持，如认真负责地做好志愿者招募管理、活动记录、购买保险、提供补贴、安排培训等。志愿服务组织也要建立完善的志愿者权益维护机制，及时处理志愿者的投诉和申诉，确保其权益不受侵害。

株洲生态环境监测中心通过"文明先行　绿色低碳"项目，组织志愿者参与无人机监测、实验室探秘等专业培训，提升技能并降低操作风险。[②]

---

① 办理长江生态环境公益诉讼，多亏了这群民主党派志愿者的辅助 [EB/OL].（2024-10-23）[2025-03-18]. https://www.163.com/dy/article/JF6U8K6G0553Y4ZP.html.
② 2024年度湖南省志愿服务先进典型名单出炉　株洲生态环境监测中心入选 [EB/OL].（2025-03-09）[2025-03-18]. https://view.inews.qq.com/k/20250309A06T3Z00?web_channel=wap&openApp=false.

（三）政府保障

政府应出台相关政策、法规、行动计划等，为志愿者权益提供政策支持，为志愿服务的规范化提供基础保障。例如，《"美丽中国，志愿有我"生态环境志愿服务实施方案（2025—2027 年）》提出在水生态保护、"无废城市"建设等领域打造品牌项目，在噪声污染防治等薄弱领域进行试点，为志愿者提供多样化参与平台。

另外，也可设立专项基金，为志愿服务组织提供资金支持，用于开展活动和实施保障措施。同时需要加强对志愿服务组织的监管，确保其依法依规开展活动，切实保障志愿者的合法权益。

（四）社会保障

鼓励企业和社会组织为志愿者提供资源与支持，企业可以为志愿者提供免费体检、免费旅游等福利，社会组织可以为志愿者提供培训和交流机会。加大通过各类媒体对志愿者先进事迹进行宣传的力度，起到引领和示范作用。

（五）自我保障

生态环境志愿者应增强自我保护意识，了解自身的权利和义务，学会运用法律武器维护自身权益。在参与活动前，志愿者应仔细阅读活动协议，明确自身的权益和保障措施。在服务过程中，志愿者应注意自身安全，遇到问题及时向组织反映，避免权益受损。

生态环境志愿者权益的保障是推动生态文明建设事业可持续发展的重要基础。通过明确权益定义、细化权益类型、完善保障措施，可以有效维护志愿者的合法权益，激发其参与热情和持续性。同时，需要法律、组织、政府和社会多方共同努力，形成全社会尊重和支持志愿者的良好氛围，为生态文明建设注入更多活力。

第五章

生态环境志愿服务项目建设

志愿服务既是党和国家事业的重要组成部分和社会主义现代化建设的重要力量，也是新形势下构建现代环境治理体系、推进生态文明建设、推动公众参与生态环境保护的重要方式。我国作为世界上最大的发展中国家，党中央高度重视志愿服务工作。2021年6月，生态环境部、中央文明办共同印发了《关于推动生态环境志愿服务发展的指导意见》。2025年1月，生态环境部办公厅和中共中央社会工作部办公厅联合印发了《"美丽中国，志愿有我"生态环境志愿服务实施方案（2025—2027年）》，明确提出了"推广一批主题明确、质效突出、形式多元、群众欢迎的生态环境志愿服务品牌项目"的要求。

本章主要从生态环境志愿服务项目的策划、生态环境志愿服务品牌项目打造、生态环境志愿服务项目的实施等三个方面，讲述生态环境志愿服务项目，尤其是品牌项目建设与实施的全过程。

第一节 生态环境志愿服务项目的策划

凡事预则立，在进行生态环境志愿服务项目策划之前，有必要对生态环境志愿服务项目的概念、项目策划的流程、项目方案的内容等方面进行系统阐述，这样有利于生态环境志愿服务队伍在设计项目时有章可循，循序渐进地策划。

一、生态环境志愿服务项目相关概念

（一）项目的定义

项目通常被定义为在一定的时间内，将要完成的一项特殊的有限任务，具有明确的目标、内容、步骤和保障的多项相关工作的总称。这就意味着，项目是一个有明确起点时间和结束时间的工作集合，旨在实现特定的目标或成果。

项目广泛应用于各类工程建设、科研、规划、环保、大型赛事活动等。无论企业规模大小，都经常需要通过项目来实现特定的目标或成果。由此可见，项目无处不在，如建造一座大桥、开发一个油田、建设一栋大楼，或者是一项新产品的研发、组织一场大型文艺晚会等都属于项目。美国项目管理协会（PMI）主席保罗·格雷斯认为："在当今社会中，一切都是项目，一切也将成为项目。"[1] 在实际应用中，项目是一个动态的概念，需要团队不断适应变化和挑战得以完成。

（二）项目的特征

一般而言，项目主要具有以下几个特征：

（1）一次性：项目有明确的开始和结束时间，一旦完成就不会再重复进行。

（2）独特性：每个项目都有其独特的性质和目标，需要独特的解决方案和管理方法。

（3）目标性：项目是为了实现特定的目标而进行的，如明确的性能指标、质量标准或数量要求等。

（4）约束性：项目会受到时间、资源（人力、物力、财力等）和范围等约束条件的限制。

（5）周期性：项目通常包括启动、规划、执行、监控和收尾等阶段。

---

① 布朗，海尔. 项目管理：基于团队的方法 [M]. 北京：机械工业出版社，2012.

（6）冲突性：项目进行过程中会出现时间、预算、范畴三者资源分配冲突、优先级冲突等。[①]

（三）志愿服务项目的概念

志愿服务项目的概念分为广义和狭义两种。广义的志愿服务项目等同于公益项目，是指为社会大众或社会某些群体的利益而实施的项目。而狭义的志愿服务项目特指由志愿服务组织发起的，利用社会资源为某些群体谋求利益并创造社会效益的项目。

本书所论及的志愿服务项目主要是狭义的，是指一系列独特的、复杂的并相互关联的志愿服务活动，这些活动有着明确的目标或目的，必须在特定的时间、预算、资源限定内，依据志愿服务规范完成，是为了实现特定目标而组织的计划性服务活动。

（四）生态环境志愿服务项目的概念

生态环境志愿服务项目是指由志愿者或志愿者组织发起，以改善和保护生态环境为目标，通过自愿、无偿的方式，开展一系列与生态环境保护相关的宣传、教育、实践和监督等活动的项目。这些项目旨在动员社会各界力量，共同参与生态环境保护，推动形成人与自然和谐共生的良好局面。[②]

二、生态环境志愿服务项目策划的流程

生态环境志愿服务项目作为推动社会参与、提升公众环保意识的重要载体，其高水平的策划对于能否取得高质量的成效尤为重要。一个科学、合理、规范的策划流程，不仅能确保项目的顺利进行，还能最大限度发挥志愿服务在生态环境中的作用。生态环境志愿服务项目策划的流程，包括需求调研、目标设定、方案设计、资源整合、团队组建与培训、项目实施与监督、项目评估与总结以及长效机制的建立等关键步骤。

（一）需求调研

需求调研是生态环境志愿服务项目策划的第一步，也是最为关键的一步。它要求项目策划者深入了解项目被服务对象的实际需求，包括他们对环境保护的认知程度、参与意愿、能力及期望等。这一步骤的具体操作包括：

（1）确定调研方向：①根据项目的初步构想，明确调研的主题，如社区环境管理、野生动植物保护、本地区突出的生态环境问题等；②明确调研范围，包括地理区域、

① 王忠平. 志愿服务管理理论与实务 [M]. 北京：北京交通大学出版社，2015.
② 魏娜. 志愿服务概论 [M]. 北京：中国人民大学出版社，2018：18.

服务对象以及可能的合作伙伴。

（2）选择调研方法：①问卷调查法：向居民发放问卷，了解环境保护行为、本地区突出的生态环境问题、垃圾分类意识等情况。②访谈法：与社区负责人、居民、环保专家或企业代表进行深度交流，获取专业意见。③观察法：实地观察目标区域的环境状况，如绿地面积及分布、河流污染程度等。④数据分析法：利用公开的环境数据或历史记录，分析环境问题演变趋势。

（3）需求整理与分析：①根据调研结果，整理出显性需求（如绿地面积、河流治理）和隐性需求（如公众环保意识提升）；②将需求转化为具体的服务方向，为后续目标设定和活动策划提供依据。

（二）目标设定

在需求调研的基础上，项目策划者需要设定清晰、具体、可衡量的项目目标。这些目标应该与生态环境保护的总体核心任务紧密相连，同时考虑项目的可行性和影响力。

（1）目标类型：①总体目标：生态系统的改善、环保意识的提升等宏观目标。②具体目标：如"在三个月内清理某区域的所有白色垃圾"或"组织三次环保主题活动覆盖300人"。③分阶段目标：将宏观目标分解为多个阶段性任务，如植树造林第一阶段种植300棵树，第二阶段种植500棵树。

（2）设定原则：①SMART原则：目标需具体（specific）、可测量（measurable）、可实现（achievable）、相关性（relevant）和有时限（time-bound）。②适应性原则：目标需根据实际情况灵活调整，避免过于理想化或脱离实际。

（3）目标分解：将总体目标细化为具体的行动计划和任务清单，便于后续实施和监控。

（三）方案设计

方案设计是生态环境志愿服务项目策划的核心环节。它要求项目策划者根据需求调研结果和项目目标，设计出一套科学、合理、可行的项目实施方案。方案设计应包括项目概述、活动内容、实施步骤、时间节点、责任分工等关键要素。

（1）项目概述：简要介绍项目的背景、目的、意义和价值。

（2）活动内容：详细描述项目将开展的具体活动，如人员培训、实地调研、河流清理、宣传报道等。

（3）实施步骤：按照时间顺序，列出项目的实施步骤和关键环节。

（4）时间节点：设定项目的关键时间节点和里程碑事件。

（5）责任分工：明确项目团队成员的职责和任务分工。

（6）风险预案：识别潜在风险，如天气变化、人员流动性等。制定应急方案，如活动延期、增加人力等。

在方案设计过程中，项目策划者还应注重实效性和可操作性，确保项目方案能够得到有效执行。

（四）资源整合

生态环境志愿服务项目的成功实施离不开各类资源的支持，包括人力资源、物质资源、信息资源等。项目策划者需要全面梳理和评估项目所需的各类资源，制订详细的资源需求计划，并积极寻求政府、企业、社会组织等各方面的支持和合作。

（1）人力资源：招募具有专业知识、热情的志愿者，组建专业的志愿服务团队。

（2）物质资源：筹集项目所需的资金、物资和设备，如垃圾袋、手套、宣传资料等。

（3）信息资源：整合环保政策、法规、技术、案例等信息资源，为项目提供决策支持。

在资源整合过程中，项目策划者应注重资源的优化配置和高效利用，确保项目能够顺利进行。

（五）团队组建与培训

团队组建与培训是生态环境志愿服务项目策划的关键环节。它要求项目策划者根据项目实施方案和资源需求计划，组建专业的志愿服务团队，并对团队成员进行必要的培训和教育。

（1）团队组建：根据项目需求和实施方案，招募具有环保知识和热情的志愿者，组建专业的志愿服务团队。

（2）团队培训：对团队成员进行必要的生态环境知识、志愿服务技能、团队协作等方面的培训和教育，提升他们的专业能力和服务水平。

（3）团队建设：通过团队建设活动、定期交流等方式，增强团队成员之间的凝聚力和归属感，为项目的顺利实施提供有力保障。

（六）项目实施与监督

在项目实施过程中，需要确保各项活动按计划进行，同时对项目进展进行实时监督。

（1）实施管理：任务分工，将任务细化到个人或小组，明确每位参与者的职责。物资保障，确保活动中所需的物资和设备及时到位。

（2）过程监督：安排专人负责活动现场的监督与协调，及时解决突发问题。记录活动过程，收集参与者反馈，便于后续总结与优化。

（3）案例：在一次社区垃圾分类培训活动中，监督人员发现垃圾桶数量不足，及时联系物业补充，确保活动顺利完成。

（七）项目评估与总结

项目结束后，项目策划者应对整个项目过程进行全面总结和反思，提炼经验教训，为未来的项目策划与实施提供参考。

（1）总结经验：对项目实施过程中的成功经验和亮点进行总结与提炼，形成可复制、可推广的经验和模式。

（2）反思问题：对项目实施过程中遇到的问题和挑战进行深刻反思和分析，找出问题的根源和原因。

（3）持续改进：根据总结经验和反思问题的结果，提出改进措施和建议，为未来的项目策划与实施提供借鉴和参考。

通过反馈与调整，项目策划者可以不断优化项目策划流程和实施策略，提高项目的效果和影响力，为生态文明建设贡献更多的智慧和力量。

（八）长效机制的建立

生态环境问题具有长期性，项目结束后须建立长效机制，确保项目成效的可持续性。

（1）常态化服务：在社区设立环保志愿者服务站，定期组织活动。与地方政府或企业合作，共同推动长期环保项目。

（2）志愿者培养：为志愿者提供专业培训，提高他们的环保知识与技能。建立志愿者激励机制，增强他们的参与热情。

（3）经验复制与推广：总结项目经验，制定可复制的项目模式。在其他地区推广成功案例，扩大影响范围。

三、生态环境志愿服务项目方案的内容

一个完整、详细且切实可行的生态环境志愿服务项目方案，是确保项目顺利实施的重要依据和取得预期效果的关键。以下是生态环境志愿服务项目方案应包含的主要内容。

（一）项目概述

（1）项目名称：以具体、鲜明且能反映项目核心内容的名称来命名，如"国能'绿

丝带'科技环保项目""梅沙碳中和社区志愿服务项目"。

（2）项目背景：阐述项目发起的背景，包括当前生态环境面临的问题与挑战的描述、公众环保意识的现状、志愿服务在环保领域的重要作用以及项目实施的必要性和紧迫性。例如，可以提及当前城市垃圾处理压力增大、水资源污染严重等环境问题，以及通过志愿服务提升公众环保意识、促进环保行动落实的重要性。

（3）项目目标：首先，明确项目总体目标，包括推动目标区域的生态环境改善；提高公众环保意识和参与度，形成长期保护机制等。其次，要明确项目旨在达成的具体目标，包括短期目标（如提高社区居民的垃圾分类准确率）、中期目标（如建立社区环保志愿服务长效机制）和长期目标（如推动社区整体环保水平的提升）。

（二）服务对象与需求分析

（1）服务对象：明确项目的服务对象，如社区居民、学校师生、企业员工等。针对不同的服务对象，项目方案需进行差异化的需求分析和服务设计。

（2）需求分析：通过问卷调查、访谈、观察等方式，深入了解服务对象的环保需求和期望。例如，对于社区居民，可能关注垃圾分类的指导以及社区绿化美化等方面；对于学校师生，可能更侧重于环保教育的课程融入和生态环保实践活动的开展。对于企业，希望通过组织环保志愿服务活动，为企业员工提供参与公益的机会，企业在履行社会责任方面的参与需求。

（三）项目内容与实施计划

（1）项目内容：根据服务对象的需求分析，设计具体的志愿服务活动内容。详细说明项目活动的设计与安排，这部分是方案的主体。例如，可以包括生态环境问题调研、宣传教育活动、生态修复实践行动、项目成果总结分享等内容。

（2）实施计划：制定详细的项目实施时间表，明确各项活动的具体开展时间、地点、参与人员及所需资源。同时，要规划好志愿者的招募、培训、分工及激励机制，确保项目的高效运行。

例如，时间的安排：①前期准备阶段（第1～2个月）：需求调研、资源整合和活动策划。②实施阶段（第3～10个月）：开展宣传教育、生态修复等活动。③总结与评估阶段（第11～12个月）：对项目成效进行总结和评估。④针对天气变化、人员变动等不确定因素制定应急方案，包括活动延期或志愿者替换计划。

（四）资源需求与预算

（1）资源需求：列出项目实施所需的各类资源，包括人力资源（如预计招募

50名志愿者，包括环保专家、社区居民和企业员工）、物资资源（如活动所需物资如植树工具、垃圾袋、清理设备、宣传材料等）和场地资源（如社区活动中心、学校教室等）。

（2）预算：根据资源需求，制定详细的项目预算，包括志愿者培训费用、物资采购费用、场地租赁费用等。预算要合理、详细且具有可操作性，确保项目资金的有效利用。

（五）项目评估与总结

项目评估与总结是检验项目效果的重要步骤。在项目结束后，采用问卷调查、访谈、观察等方式对项目实施效果进行评估。评估内容可以包括服务对象的满意度、环保行为的改变、项目目标的达成情况等。

（1）评估指标：①量化成果：如清理垃圾的总量、植被覆盖率的提升、活动参与人数等。②社会影响：如公众环保意识的提升、媒体报道的数量和正面评价。

（2）评估方法：①问卷调查：收集参与者和服务对象的反馈意见。②数据分析：对活动过程中记录的数据进行分析，量化项目效果。

（3）总结报告：①在项目结束后，对项目实施过程中的优缺点进行总结，形成书面报告。②对项目实施情况进行全面总结，提炼经验教训，提出改进建议，为后续项目提供参考。

（六）项目可持续性与推广

为了确保项目的长期影响力，需制定项目的传播策略，通过媒体宣传、社交媒体推广、社区公告等多种方式提高项目的知名度和影响力。明确项目的推广计划，包括推广的时间节点、目标受众和预期效果。通过有效的推广，可以吸引更多的志愿者参与项目，扩大项目的覆盖面和影响力。

（1）建立常态化机制：①通过社区环保志愿服务站点的建设，推动活动常态化；②定期组织类似活动，保持公众参与热情。

（2）经验分享与推广：①将项目经验总结为案例，向其他地区推广；②举办交流活动；③与其他志愿服务组织分享成功经验。

生态环境志愿服务项目方案是一份全面的行动指南，通过明确项目背景、目标、内容、资源和实施计划，为项目的高质量实施提供了系统化的解决方案。不仅能确保项目顺利实施，还能调动公众力量来共同参与生态环境保护工作。

<table>
<tr><td>第二节</td><td>生态环境志愿服务品牌项目打造</td></tr>
</table>

一、生态环境志愿服务品牌项目的概念与价值

随着全社会环境保护意识的日益增强，生态环境志愿服务正逐渐成为推动社会可持续发展的重要力量。在这一背景下，对于生态环境志愿服务品牌项目的需求应运而生，它不仅代表着该领域志愿服务活动的专业化、规范化和高效化，更蕴含着深厚的文化内涵，体现了广泛的社会认同及影响。

（一）生态环境志愿服务品牌项目的概念及内涵

1. 生态环境志愿服务品牌项目的概念

生态环境志愿服务品牌项目是指在生态环境志愿服务领域，以志愿者为主体，经过精心策划，通过系统性、规范化的服务活动，取得显著成效，并具有一定社会影响力和知名度的志愿服务活动项目。这类项目通常以特定的生态环境问题为导向，致力于解决或缓解一定的生态环境问题，通过组织志愿者开展丰富多样的活动，促进公众生态环境意识的提升和绿色生活方式的普及，促进生态环境保护行动的落实，从而推动生态文明建设进程。

品牌项目的形成意味着项目已超越一般性质的生态环境志愿服务活动的范畴，具有一定的社会知名度、美誉度和影响力，是公众广泛认可的服务典范。一个成功的生态环境志愿服务品牌项目，不仅需要明确的目标、科学的方法，还需以生态文明理念为核心，整合社会资源，凝聚志愿者的力量，以多样化的服务形式满足社会需求，并取得较大的社会影响。

一般而言，生态环境志愿服务品牌项目应具有以下几个显著特点：一是目标明确，针对特定的生态环境问题或需求；二是组织规范，有明确的策划、实施和评估流程；三是成效显著，能够在一定程度上改善生态环境质量或提升公众环保意识；四是社会影响力大，能够通过多种渠道传播正能量，激发更多公众参与生态环境保护的热情。

2. 生态环境志愿服务品牌项目的内涵

（1）体现生态文明价值观。生态环境志愿服务品牌项目，通过开展高质量的生态环境保护实践活动，向社会有效地传递节约资源、绿色生活、人与自然和谐共生的价值观念，培养绿色低碳的生活方式。这些项目倡导生态优先理念，强调可持续发展，旨在推动社会各界关注并参与到生态环境保护中。

（2）聚焦生态环境问题的解决。 生态环境志愿服务品牌项目的核心，在于解决具体、典型的生态环境问题。无论是针对森林、湿地、草原等生态系统的保护，还是应对大气、水体污染等环境挑战，品牌项目通过专业化、规范化的方式，推动政府、企业和公众形成合力，共同应对环境挑战，为社会提供切实可行的解决方案。

（3）提升公众生态环境意识。 品牌项目常以公众体验参与为重要形式内容，通过自然体验、互动活动等形式，提升社会各界对生态环境问题的认知水平，增强公众的环保意识。例如，某社区通过亲子互动体验、生态手工制作等活动，让更多人了解生态环境的重要性并主动参与其中。

（4）推动项目的制度化和规范化。 品牌项目具有系统化、可复制的特点。通过明确的标准、规范的组织管理以及完善的志愿者培训体系，这些品牌项目实现了服务质量的高效性和长期性，推动生态环境志愿服务事业向制度化、专业化、规范化发展。

（5）促进项目的创新发展。生态环境志愿服务品牌项目是创新发展的生动实践。它鼓励志愿者发挥创新思维和创造力，探索新的志愿服务模式和方法。通过引入数字化、智能化等现代科技手段，提高志愿服务活动的效率和覆盖面；通过组织志愿者参与挖掘总结当地独具特色的保护及解决措施，推动志愿服务的升级和发展。这种创新发展不仅提升了志愿服务活动的品质和影响力，更为生态文明建设注入了新的动力与活力。

（二）生态环境志愿服务品牌项目的构成要素及价值

1.生态环境志愿服务品牌项目的构成要素

（1）明确的目标定位。一个成功的生态环境志愿服务项目，首先需要具备明确的目标定位。这包括确定项目所要解决的具体环境问题，如河流污染、零碳园区建设、野生动植物保护等，以及期望通过项目具体目标实现总目标，如提高公众环保意识、改善生态环境质量、促进生态恢复等。明确的目标定位有助于项目在策划和实施过程中保持方向性，确保各项活动的针对性和有效性。①

（2）专业的策划与执行团队。专业的策划与执行团队是生态环境志愿服务品牌项目成功的关键。这个团队需要具备丰富的生态环保知识和实践经验，能够针对目标问题制定科学合理的策划方案，并确保项目的顺利执行。同时，团队还需要具备较强的组织协调能力，能够调动各方资源，协调各方利益，确保项目的顺利进行。

（3）多样化的参与主体。生态环境志愿服务品牌项目的参与主体应该具有多样性，

---

① 魏智勇.社区新时代文明实践志愿服务的项目设计与实施 [J].实践（思想理论版），2021（11）.

包括志愿者、环保组织、政府部门、企业和公众等。多样化的参与主体能够带来更多的资源和创意，促进项目的多元化发展。同时，通过不同主体之间的合作与交流，能够形成合力，共同推动生态环境的改善和生态文明建设的进程。

（4）丰富的活动形式。生态环境志愿服务品牌项目需要采用多样化的活动形式，以吸引更多公众的参与。这些活动形式包括专业讲座、自然体验活动、低碳行动指导、河流清理行动等。通过丰富多样的活动形式，不仅能够提高公众的环保意识，还能够激发他们参与环保行动的热情。

（5）完善的评估与反馈机制。完善的评估与反馈机制是确保生态环境志愿服务项目持续改进和提升的重要保障。通过对项目执行效果的定期评估，可以及时发现存在的问题和不足，为项目的后续改进提供科学依据。同时，通过收集公众的反馈意见，了解他们的需求和期望，为项目的优化调整提供有力支持。

2. 生态环境志愿服务品牌项目的价值

（1）有利于扩大项目的社会影响。通过形成独特的生态环境志愿服务品牌项目，能够满足志愿者及志愿服务队伍的自我发展和可持续的需求、提升志愿者的使命感和积极性。通过广泛的宣传教育和实践活动，提升社会的关注度、群众知晓率和参与度，能够形成全社会共同关注环境保护的良好氛围，带动更多社会力量参与到环保行动中。

（2）有效提升项目的服务成效。生态环境志愿服务品牌项目通过实际行动，能够直接有效地促进生态环境的改善。例如，通过河道清理行动可以减少垃圾排放，有效改善水体质量；通过废旧物品回收可以提高资源回收利用率；通过野生动植物保护行动可以极大改善生存环境等。这些实际行动有利于开展精准且目标明确的志愿服务，有效提升服务成效，对于改善生态环境质量、保护生态系统平衡具有重要作用。

（3）提升项目在社会公共服务体系中的地位。通过品牌项目的实施和推广，可以推动社会各界对生态文明建设形成共同的认识和理解，促进生态文明理念深入人心。同时，通过更好地整合社会资源，有效解决传统志愿服务中存在的问题，扩大志愿服务的社会影响力，品牌化建设是增强志愿服务长效性的必然之举。

二、生态环境志愿服务品牌项目的评判标准

一个成功的生态环境志愿服务品牌项目，不仅能够有效提升公众的环保意识，促进生态环境的改善，还能够带动更多社会力量参与到生态环境保护行动中。然而，如

何评价一个生态环境志愿服务项目是否为品牌，是一个亟须解决的问题。

（一）服务对象精准性

1.服务人群具有针对性

一个优秀的生态环境志愿服务品牌项目，其服务对象应具有明确的针对性。这意味着项目应针对特定的受益群体，而非泛泛而谈。例如，针对整治河流污染的志愿服务项目，其服务对象可以是沿河居住的居民、商户、企业员工或科研机构的科研人员等。通过明确的服务对象定位，项目可以更加精准地满足特定群体的需求，提高服务效果。

此外，服务对象的针对性还有助于项目资源的合理配置。由于资源有限，将资源集中在特定群体上，可以确保服务的质量和深度。这种精准定位不仅有助于项目的长期可持续发展，还能提升项目的社会影响力和美誉度。

2.服务人群具有普遍性

除了针对性外，优秀的生态环境志愿服务品牌项目还应具备服务人群的普遍性。这意味着项目应覆盖尽可能广泛的人群，使更多人受益。例如，碳中和的志愿服务项目，可以面向城市住宅小区、学校、企事业单位等多个领域开展活动。

普遍性的另一个体现是项目的地域覆盖。一个成功的品牌项目应该能够在不同地区推广实施，形成全国范围内的服务网络。这种地域覆盖不仅能够提升项目的知名度和影响力，还能够促进不同地区之间的经验交流和合作。

3.服务需求具有迫切性

优秀的生态环境志愿服务品牌项目还应关注服务需求的迫切性。这意味着项目应针对那些政府难以提供、市场不愿提供、居民需求迫切、社会影响力大的服务内容。例如，针对农村地区的秸秆再生利用项目，由于科普力量有限、思想意识落后等原因，农村居民往往缺乏必要的理论知识和实践机会。此时，生态环境志愿服务品牌项目可以发挥重要作用，为农村居民提供亟须的教育示范和行动服务。

关注服务需求的迫切性不仅有助于提升项目的社会效益，还能够增强项目的针对性和实效性。通过解决居民身边的实际问题，项目可以赢得更多人的信任和支持，为项目的长期发展奠定坚实的基础。

（二）服务内容明确性

1.满足真实需求

优秀的生态环境志愿服务品牌项目应能够精准满足服务对象的真实需求。这意味着项目应深入了解服务对象的实际情况和需求，制订切实可行的服务计划。[1]例如，针对城市道路两旁的休闲绿地维护的志愿服务项目，可以通过问卷调查、访谈等方式了解居民对休闲绿地的需求和期望，然后制订针对性的服务计划。满足真实需求是提升项目服务质量的关键。只有真正了解服务对象的需求和期望，才能够提供贴心、有效的服务。这种精准服务不仅能够提高服务对象的满意度和认可度，还能够整合社会资源，增强项目的落地性。

2. 社会价值大

优秀的生态环境志愿服务品牌项目应蕴含较大的社会价值。这意味着项目不仅能够满足服务对象的实际需求，还能够为他们带来额外的收获和体验。例如，针对青少年的生态环境教育项目，除了传授知识提高技能以外，还可以通过户外实践、团队合作等方式培养他们的社会责任感和团队协作能力。

社会价值大的项目更容易吸引服务对象的参与和关注。通过提供多样化的服务和体验，项目可以激发服务对象的兴趣和热情，提升他们的参与度和满意度。这种积极体验不仅能够增强服务对象的生态环境意识，还能够为项目的长期发展提供有力支持。

3. 工作要求明确

优秀的生态环境志愿服务品牌项目应具备明确的工作要求。这意味着项目应明确志愿者的岗位职责和工作要求，确保他们能够清晰了解自己的工作任务和职责。例如，"衣旧情深"——旧衣物焕新捐赠志愿服务项目，通过制定详细的工作流程和操作规范，确保志愿者能够按照要求完成工作任务。

明确的工作要求不仅能够提高志愿者的服务效率和质量，还能够减少工作中的误解和冲突。通过规范志愿者的行为和工作流程，项目可以确保各项活动的顺利进行，提升整体服务效果。

4. 工作内容具有重复性

优秀的生态环境志愿服务品牌项目应具备工作内容的重复性。这意味着项目应能够持续开展类似的活动，形成规律性的工作流程和模式。例如，针对社区"红领巾楼道长"志愿服务项目，每个月定期开展巡查宣传活动，形成固定的服务模式和品牌效应。

工作内容的重复性不仅有助于提升项目的稳定性和可持续性，还能够增强服务对象的信任和依赖。通过持续开展类似的活动和服务，项目可以形成稳定的客户群体和

---

① 魏智勇. 社区新时代文明实践志愿服务的项目设计与实施 [J]. 实践（思想理论版），2021（11）.

品牌口碑，为长期发展奠定坚实基础。

（三）实施方法科学性

1. 探索最佳方法

生态环境志愿服务品牌项目应能够探索满足服务对象需求的最佳方法。这意味着项目应不断创新和完善服务方式和方法，提高服务效果和质量。例如，针对植树美化绿化的志愿服务项目，可以尝试采用智能化、信息化的手段，提高民众的参与率和积极性。

探索最佳方法不仅能够提升项目的服务效果和质量，还能够增强项目的创新性和竞争力。通过不断尝试新的服务方式和方法，项目可以吸引更多人的关注和参与，形成独特的品牌特色。

2. 招募有技能的志愿者

优秀的生态环境志愿服务品牌项目还应优先招募有专业技能的志愿者。这意味着项目应根据工作内容和要求，招募具备相关专业知识和技能的人才加入志愿服务队伍。例如，针对草原精灵——黄羊等野生动物保护的志愿服务项目，可以招募具备生物学、生态学等相关专业背景的科研人员、大学生志愿者参与服务。

招募有技能的志愿者不仅能够提高服务质量和效率，还能够增强项目的专业性和可信度。通过组建专业的志愿服务队伍，项目可以赢得更多人的信任和支持，为长期发展奠定坚实基础。

3. 项目落地性强

优秀的生态环境志愿服务品牌项目还应具备较强的落地性。这意味着项目应能够在现实生活中得到有效实施和推广，获得社区管理者和居民的接纳和认可。例如，针对湿地保护的志愿服务项目，可以与当地政府和社区合作，共同开展湿地价值的考察及维护活动。

项目落地性强不仅能够提升项目的实际效果和影响力，还能够增强项目的可持续性和发展动力。通过与当地实际环境和社会需求的紧密结合，项目可以形成稳定的服务模式和品牌效应。

（四）服务效果显著性

1. 解决或缓解社会问题

优秀的生态环境志愿服务品牌项目应能够解决或缓解特定的社会问题。这意味着项目应针对社会关注的热点问题或紧迫需求开展服务活动，取得明显的社会效益和环境效益。例如，"莫让民俗变陋习"，这是针对西北部分省区节庆期间燃放旺火造成灰霾天气的志愿服务项目，通过广泛的宣传教育和实践活动提高居民的环保意识和参与度，推动政府、企业和公众共同采取有效的治理措施。

通过解决居民的实际问题和需求，能够提升项目的社会影响力和美誉度，增强项目的实际意义和社会价值。项目还可以赢得更多人的信任和支持，为长期发展奠定坚实基础。

2.影响社会政策

优秀的生态环境志愿服务品牌项目还应能够影响社会政策的制定和实施。这意味着项目应通过自己的努力和成果，推动政府和社会各界对环保问题的关注和重视，促进相关政策的出台和完善。例如，针对农牧区牲畜粪便集中处理的志愿服务项目，可以通过调研和宣传揭示牲畜粪便集中处理的现状和问题，推动政府出台相关政策和措施加以解决。

通过推动政策的出台和完善，能够提升项目的社会影响力和政治地位，为环保事业的发展提供有力支持。项目可以为更多人带来实际的利益和福祉，促进社会的可持续发展。

3.改变行为习惯

优秀的生态环境志愿服务品牌项目还应能够改变服务对象的行为习惯。这意味着项目应通过宣传教育和实践活动引导服务对象形成良好的环保行为，促进他们的生活方式和消费模式的转变。

改变行为习惯不仅能够提升服务对象的生态文明素质和生活质量，还能够为社会的可持续发展作出积极贡献，可以推动整个社会的生态文明进步。

综上所述，生态环境志愿服务品牌项目的评判标准应包括服务对象精准性、服务内容明确性、实施方法科学性和服务效果显著性四个方面。这些标准不仅有助于评价一个项目的优劣和成效，还能够为项目的策划和实施提供有力指导和支持。

三、打造生态环境志愿服务品牌项目的方法及路径

（一）提炼品牌个性，精准项目定位

打造生态环境志愿服务品牌项目的第一步，是提炼项目的品牌个性，形成鲜明的个性特点，使它们与众不同，在众多的生态环境志愿服务项目中脱颖而出，具有广泛的知名度，为人们所熟知，成为生态环境志愿服务品牌。生态环境志愿服务品牌项目

的个性品质，源自各地生态环境志愿者、志愿服务组织的个性化探索，即因地制宜，满足不同群体的需求，在生态环境志愿服务项目中呈现出特色与个性。

品牌项目的灵魂是个性，它体现了一个品牌项目与其他生态环境志愿服务品牌的差异性。因而，生态环境志愿服务品牌定位要善于同中求异，发现个性化的特点。要根据不同区域的生态特点和社会需求设计项目。例如，南方沿海城市可聚焦海洋保护，如"守护蓝色家园"；而北方荒漠化较为严重的地区则可开展"绿色屏障"绿化节水项目。无论是内蒙古草原上开展的"荒漠地区蒙古野驴拯救"志愿服务行动，还是福建沿海地区实施的"红树林变身金树林"志愿服务项目，以及全国各地生态环境志愿服务示范项目，无不具有鲜明的个性特点、地域特色。

生态环境品牌项目的个性化特点，要求策划者既要立足自身独特的区域优势，又要具有广阔的生态环境志愿服务视野，关注各地生态环境志愿服务品牌建设的最新动态，通过线上线下、会议交流、学习分享等多条途径，进行信息检索、比较分析，准确地判断自身志愿服务项目的优势所在，策划出差异化的路径，形成独具特色的个性化品牌项目定位。

（二）丰富品牌内涵，提升内在品质

打造一个具有品牌特征的生态环境志愿服务项目，注重其项目命名以及宣传等固然重要，然而衡量一个项目是否为品牌的最重要标准只有一个，那就是项目的内在品质。

第一，满足服务对象的真实需求，是建设品牌项目的出发点。

生态环境志愿服务品牌建设，需要把努力满足人民群众对美好生态环境的需求，作为生态环境志愿服务项目工作的出发点与落脚点，并使之成为提升生态环境志愿服务项目内在品质的自觉追求。生态环境志愿服务项目既要帮助群众解决当前环境"脏乱差"等急难愁问题外，还要运用生态环境的专业方法帮助群众解决提升性需求，引领群众提升美丽村镇建设水平、生态道德水平和生态文明素养，通过推出用志愿"红"守护生态"绿"等志愿服务项目，引领社区（村庄）提质转型。

提升生态环境志愿服务品牌项目的内在品质，可从以下一些途径获得打造项目内涵品质的思路与借鉴，一是大量浏览全国或本省（区、市）评出的最佳志愿服务项目和全国志愿服务项目大赛参赛项目，从中找到提升的灵感；二是阅读有关研究论文，从研究成果中寻找影响生态环境发展的深层次问题，以此学习吸收，努力做到有创意、有亮点，从而丰富项目的内涵。

第二，实施方法科学规范，是建设项目品质的核心所在。

首先，提升打造生态环境品牌的内在品质，需要针对服务对象面临的问题，探索满足服务对象需求的最佳方法，提高服务的效果。不同的项目有不同的服务方法，在设计志愿服务项目时，要先研究用什么方法才能做好服务，并使服务过程更加规范、标准。

其次，优先招募有生态环境专业服务技能的志愿者。对于生态环境志愿服务项目，尽可能从具有相应专业人士中招募志愿者。项目要有明晰的工作流程和工作方法，方便志愿者尽快掌握服务要求。分配岗位时，尽量考虑志愿者的知识结构、个人兴趣和经验技能，充分发挥志愿者在品牌建设中的主体作用。

最后，要注重项目的落地性。在项目实施过程中，志愿服务组织要与社区、单位建立良好的沟通机制，在现实空间具备可落地性。项目的实施方式能够获得社区管理者的肯定和居民的接纳，整合资源，形成合力，共同探索建设生态环境志愿服务品牌的新路径。

第三，服务效果显著，是建设项目品质的目标追求。

生态环境志愿服务品牌项目建设，一定要坚持以需求为导向，以成效为引领，满足服务对象需求，作出显著成效，使服务对象有所变化有所受益。这是一个生态环境志愿服务项目高品质的集中体现，也是一个具有较高能力的志愿服务组织生存发展的价值所在。通过对志愿服务项目的组织策划、系统实施和管理，让志愿服务活动真正走进群众、走进生活，确保志愿服务活动能够真正落到实处，取得显著的成效。因此，我们要努力做到：项目计划要体现成效，项目实施要作出成效，项目结束要展现成效。[①]

生态环境志愿服务品牌建设中，在突出服务性的同时，还应强化创新性，通过与时俱进的创新举措，千方百计地改进生态环境志愿服务的内涵品质，例如，运用互联网和数字技术构建线上线下相结合的服务模式，吸引更多受益群体直接或间接感受到项目带来的正面影响，在公众中形成广泛的认知，从而赢得全社会普遍信任和认可，成为生态环境领域具有示范引领性的案例。

（三）起好项目名称　彰显品牌特性

在提炼出生态环境志愿服务品牌项目的个性之后，接下来就要为它取一个好的名字。起好一个生态环境志愿服务品牌项目的名称，是品牌项目建设中画龙点睛之笔。

---

① 魏智勇. 内蒙古：开启依法护航志愿服务的新征程——《内蒙古自治区志愿服务条例》解读 [EB/OL].（2022-12-09）[2025-03-13]. http://inews.nmgnews.com.cn/system/2022/12/09/013382625.shtml.

具有个性特点、准确而且充满志愿服务情怀的项目名称，能够使人对这个生态环境志愿服务品牌眼睛一亮，过目难忘。

俗话说得好："名正才能言顺。"生态环境志愿服务项目的名称，是生态环境志愿服务品牌的重要组成部分，是对项目基本内容的总结概括与提炼。生动形象、合辙押韵且朗朗上口的品牌名称，能够唤起人们心中对于生态环境志愿服务品牌行动的美好向往，让人"一见如故""豁然开朗"。

第一，好的生态环境服务品牌名称，要充满志愿服务情怀。使用积极、正面的词

汇,传递积极向上的正能量,给人以正向引领,让人们看到或听到这个项目的名称时,就会从内心对志愿服务行为产生崇敬与热爱,涌现出对生态环境志愿服务神圣价值的美好联想。

第二,好的生态环境服务品牌名称,要进行必要的文学加工。将习以为常的志愿服务做法,运用有意义的文字组合或词语,形成容易记忆、有特色的形象说法。这些看似平常、实则内涵丰富的项目名称,简洁醒目、朗朗上口,又便于记忆,容易传播。

第三,好的生态环境志愿服务品牌名称,一定要清新别致。当前生态环境志愿服

务项目数量众多，为了便于人们认知与记忆，首先从命名开始，着手进行策划、打造，努力让自己的生态环境志愿服务品牌名称个性鲜明、极具特色；可以提炼出项目的核心关键词，采用比喻、象征或隐喻方式来命名，如"彩虹""绿梦"等，使名称富有想象力和深度；也可以结合项目的独特性或创新性，使名称成为项目的标志；如果项目有地域或文化特色，也可以在名称中体现，从而增加项目的地域特色及文化品位。

（四）讲好品牌故事，创新传播方式

品牌项目的成功离不开有效的传播策略，需要通过形式多样的传播方式提升其知名度和社会影响力。

首先，要讲好品牌故事。品牌故事是吸引公众关注的重要手段。例如，"一泓清水守护者"项目，通过分享湖北省丹江口水库甘于奉献的守水护水人，十几年如一日，为一泓清水永续北上，把守水护水作为义不容辞的使命和担当，用心用情守护一库碧水的感人故事，提升了公众对项目的认同感。

其次，项目团队应充分利用多元化的各种媒体传播渠道，既要充分利用传统媒体，如报纸、广播、电视等，对项目的活动成果进行报道，对品牌项目进行广泛宣传，又要利用好新媒体平台，如微信公众号、微博、抖音等社交媒体，采用线上线下结合的形式，组织线上环保挑战赛和线下植树活动，实时发布项目进展，与公众进行互动，增强互动性和传播效果。增强品牌的亲和力和认知度，扩大项目参与度和影响力。

最后，通过打造策划标志性、具有广泛吸引力的活动，并采用举办新闻发布会、制作专题视频、发布新闻稿等多种方式，使品牌项目深入人心。同时，可以与政府部门、学校、社区等建立合作关系，形成多方参与、共同推进的良好局面。还可以寻求与其他环保组织、企业开展联合活动、资源共享等方式，扩大品牌项目的影响力和覆盖面。

例如，"地球一小时"活动，是在每年3月的最后一个星期六的晚上，全球城市集体关灯一小时。这一活动通过创新互动设计，旨在引起人们对环境问题的关注，尤其是气候变化和全球变暖的问题。通过全球城市灭灯这一实践活动，提升了品牌项目的参与度和影响力，提醒人们节约能源的重要性，也鼓励社会各界采用更可持续的生活方式，表达了人们对保护地球生态的承诺和决心。

第三节　生态环境志愿服务项目的实施

生态环境志愿服务项目的实施，是将生态文明理念转化为具体行动的重要过程及基本举措。生态环境志愿服务项目实施的基本过程，包括项目立项、志愿者招募与培训、项目实施与管理、项目评估与反馈等环节。

一、项目立项

生态环境志愿服务项目实施的第一步是项目立项，也是决定项目成功与否的关键环节。立项过程需要明确项目的目标、内容、预算、预期效果等核心要素，确保项目具有可行性、针对性和实效性。

1. 确定项目目标

项目目标应紧密围绕生态环境保护的核心任务，如提升公众生态环保意识、促进绿色低碳生活、改善生态环境质量等。将目标分解为可操作、可量化、可达成的具体任务，并符合当地生态环境保护的实际需求。

2. 制订项目计划

项目计划是项目实施的蓝图，应包括项目背景、目标、内容、时间进度、预算、风险管理等方面的详细规划。项目计划应充分考虑各种可能的风险因素，制定相应的应对措施，确保项目能够顺利实施。

3. 项目立项申请

项目立项申请要提交给生态环境相关部门或机构进行审批并获得支持。申请材料应包括项目计划、预算、风险评估等相关内容。项目审批通过后，即正式立项并进入实施阶段。

二、志愿者招募与培训

志愿者是生态环境志愿服务项目实施的核心力量。志愿者招募与培训是确保项目顺利实施和预期目标实现的关键环节。本书第四章已有详细讲解，本章不再赘述。

三、项目实施与管理

项目实施与管理是生态环境志愿服务项目的核心。实施过程中应注重团队协作、沟通协调、风险控制等方面的管理，确保项目能够按照计划、有序顺利实施。

1. 项目启动

项目启动是项目实施的第一步，也是确保项目顺利进行的关键。项目启动过程中要召开项目启动会议，明确项目目标、计划、进度、预算等方面的具体要求，并组建项目团队、分配任务、明确具体责任。

2. 项目实施

项目实施过程中应注重团队协作和沟通协调。项目负责人应定期组织项目会议，了解项目进展情况、解决存在的问题、调整项目计划等方面的工作。志愿服务项目经理应加强对志愿者的日常管理、培训与激励，确保志愿者能够按照计划及分工要求参与实施志愿服务活动。志愿者团队则应注重团队协作和相互支持，共同完成项目任务。[①]

3. 风险管理

风险管理是项目实施过程中的一个重要环节。项目团队应充分识别和分析可能存在或发生的风险因素，制定相应的应对措施和预案。风险管理应注重预防为主、综合治理的原则，确保项目能够顺利应对各种可能出现的风险和挑战。

4. 质量监控

质量监控是确保项目质量和效果的重要保障。项目团队应建立相应的质量监控机制，对项目进展情况进行定期检查和评估。质量监控应注重过程监控和结果评估相结合的原则，确保项目能够按照计划要求达到预期效果。

四、项目评估与反馈

项目评估与反馈是生态环境志愿服务项目实施的最后一步，也是提升项目质量和效果的重要途径。评估过程中应注重客观、公正、全面的原则，确保评估结果能够真实反映项目的实际情况和效果。

1. 项目评估

项目评估应注重对项目目标、计划、进度、预算等方面的全面评估。评估过程中应采用定量评估和定性评估相结合的方法，对项目的效果、影响、可持续性等方面进行综合评价。评估结果应作为项目改进和优化的重要依据。

---

① 魏智勇.社区新时代文明实践志愿服务的项目设计与实施 [J].实践（思想理论版），2021（11）.

2. 反馈与总结

反馈与总结是提升项目质量和效果的重要环节。项目团队应注重收集志愿者和服务对象的反馈意见，了解项目的实际效果和存在的问题。同时，项目团队还应注重总结经验教训，提炼成功经验和做法，为今后的项目实施提供借鉴和参考。

3. 项目改进与优化

项目改进与优化是提升项目质量和效果的重要途径。项目团队应根据评估结果和反馈意见，对项目的目标、计划、进度、预算等方面进行相应的调整和优化。同时，项目团队还应注重引入新的理念和技术手段，提升项目的创新性和实效性。[①]

生态环境志愿服务项目的实施，是全面参与生态文明建设的重要内容，其成功与否直接关系到项目目标能否达成，以及公众对生态保护的认知和参与程度。通过科学的计划、专业的执行和全程的评估，可以确保志愿服务项目的高效推进。

① 中国志愿服务研究中心 . 志愿服务概论 [M]. 北京：社会科学文献出版社，2022：10.

第六章

生态环境志愿服务组织建设

　　生态环境志愿服务组织建设是生态文明建设中的基础性工程，也是推动社会共治、提升公众生态文明素养的重要载体。实践表明，随着生态文明理念的深入人心，社会各界参与生态环境保护的热情日益高涨。2025 年 1 月 8 日，生态环境部办公厅、中央社会工作部办公厅联合印发《"美丽中国，志愿有我"生态环境志愿服务实施方案（2025—2027 年）》，文件明确提出"到 2027 年，培育一批管理规范、素质过硬、活跃度高的生态环境志愿服务队伍"，并进一步强调要支持社会化队伍建设、推进专业化队伍建设。在落实过程中，各地应结合实际，通过科学组建与规范管理，健全登记年审、分层培训与持证上岗、激励保障与风险防控等机制，逐步实现组织治理现代化与数字化平台管理的深度融合。值得注意的是，这一体系不仅为生态环境治理提供了稳定的社会支撑，也在潜移默化中提升了全民生态文明意识与行动能力。

　　本章分别从组织建设流程、组织治理与组织管理三个方面展开，探索如何以制度建设、平台支撑与能力提升为抓手，推动志愿服务组织高效运行，助力美丽中国建设取得更大实效。

第一节　生态环境志愿服务组织建设流程

随着经济社会的快速发展和全民环保意识的不断提高，生态环境志愿服务组织在推动生态文明建设、促进环境保护方面发挥着越来越重要的作用。然而，由于缺乏统一的登记管理制度，许多生态环境志愿服务组织面临法律身份不明确、资金筹措困难、志愿者招募受限等问题，严重影响了其健康发展和在生态文明建设进程中重要作用的发挥。为此，本节结合当前政策背景和现实需求，探讨生态环境志愿服务组织的登记管理、结构设置、年审管理等，以期为相关组织建设提供有益的参考和指导。

一、生态环境志愿服务组织建设的重要性

生态环境保护是一项系统工程，需要多方力量的共同参与，生态环境志愿服务组织作为一支依托社会化和专业化背景的团队，在这一过程中发挥着不可替代的作用。其重要性可以从以下几个方面来体现。

（一）推动生态文明建设

生态环境志愿服务是推动生态文明建设的重要方式和较优路径。通过志愿服务活动，可以广泛动员社会各界参与生态环境保护，形成人人参与、人人受益的良好氛围，从而推动生态文明建设的深入发展。[1] 通过大力推动生态环境志愿服务工作，能够深入宣传习近平生态文明思想，有效激发公众的主体意识和责任意识，广泛动员园区、企业、社区、学校、家庭和个人积极行动起来，形成人人、事事、时时、处处崇尚生态文明的社会氛围。[2] 在生态环境治理的各个领域，志愿服务组织都扮演着关键角色，特别是在一些基础设施薄弱或资源不足的地区，志愿服务组织是重要的补充力量。

具体来讲，一是弥补政府公共服务的不足。生态环境治理的任务繁重且复杂，政府由于人力、物力和财力的限制，往往难以覆盖所有区域和治理任务。志愿服务组织可以弥补政府公共服务的不足，为政府和环保机构提供人力支持和智力资源。

二是提升生态环境治理效率。志愿者具备灵活性和创新性，能够快速响应生态环境中的突发问题。例如，在洪涝灾害发生后的生态恢复工作，志愿者能够迅速投入现

---

[1] 田丰 . 开展生态环境志愿服务，共筑人与自然和谐共生的中国式现代化 [J]. 中华志愿者，2024（10）：56-57.
[2] 钟寰平 . 推动生态环境志愿服务　增强美丽中国建设合力 [N]. 中国环境报，2024-08-16.

场进行灾后重建工作。志愿者的灵活性和快速反应能力使得生态环境治理能够更迅速有效地进行，尤其在灾后和突发性环境事件中，志愿服务组织能够起到至关重要的作用。

（二）提升公众环境意识

2025 年 1 月，由生态环境部办公厅、中共中央社会工作部办公厅联合印发的《"美丽中国，志愿有我"生态环境志愿服务实施方案（2025—2027 年）》强调组织动员广大人民群众积极参与生态环境保护事务，以实际行动践行习近平生态文明思想，做生态文明理念的积极传播者和模范践行者。这就需要不断发展壮大生态环境志愿服务组织，开展形式多样的生态环境志愿服务工作，进而提升公众环境意识，在全社会加快形成绿色低碳生活方式。生态环境志愿服务本身就围绕公众对优美生态环境的需求以及生态文明建设和环境保护中的关键任务开展。因此，组织丰富多样的志愿服务活动，如人居环境维护、水生态环境保护、海洋生态环境保护、"无废城市"建设、核与辐射安全等，让更多公众成为习近平生态文明思想的践行者。这有助于提升个人环保意识，形成绿色生活方式和低碳行为习惯，从而产生一批生态文明理念的传播者。

第一，生态环境志愿服务是公众参与环保事业的桥梁。志愿服务为广大公众提供了参与环保事业的具体途径。通过各类志愿服务活动，公众可以切身体会到环境保护的重要性，并将环保理念转化为实际行动。例如，围绕水生态环境保护、海洋生态环境保护开展活动吸引志愿者参与，大家共同清理处置水面漂浮垃圾杂物、巡护监督等，既提高了人们对海洋塑料污染问题的认识，也通过直接参与行动，让公众更加深刻地感受到环境保护的迫切性。

第二，生态环境志愿服务组织通过线上线下等形式传播环保知识。除了直接参与生态保护项目，志愿服务组织还通过社区教育、校园宣传、企业培训等方式，传播环保知识，倡导低碳生活、绿色消费等理念。这些活动不仅提高了公众的环保意识，还促使公众逐步改变自己的生活习惯和消费方式。

（三）促进社会共建共治

政府、企业、民众、专家学者、社会组织等都是生态文明建设不可或缺的社会载体，同时是环境治理与保护的主体，即政府在生态环境治理和建设的过程中发挥着总揽全局的核心作用；企业应该加大对生态技术的研发和创新，扩大投资，走绿色生产之路；社会组织及专家学者应当在生态决策过程中积极主动地建言献策，推动生态政策的制

定和完善。①生态环境志愿服务组织作为一种社会组织的重要形式，在促进社会共治、推动各方合作方面发挥着重要作用。通过社会各界的交流与合作，让不同群体、队伍、组织之间建立联系和信任，从而形成合力，促进社会共建共治。

生态环境志愿服务组织既是切身参与志愿服务的践行者和依法有序参与监督、举报和曝光环境违法行为的监督者，也是生态文明理念的传播者，更是用志愿精神感染他人、形成良好社会风尚的引领者。在全社会共同参与、共同治理、共同努力下，才能提升生态环境领域社会治理水平，从而促进社会共治，维护社会和谐稳定。

二、生态环境志愿服务组织的登记管理

志愿服务组织的登记管理是开展志愿服务的一项重要性基础工作。一般指进行登记、备案、组织结构设置、年审的过程。志愿服务组织的登记管理需要按照有关法律、行政法规的规定执行。

（一）生态环境志愿服务组织的登记管理流程

根据国务院发布的《志愿服务条例》及《民办非企业单位登记管理暂行条例》（2016年修订版）等相关法律法规，生态环境志愿服务组织可采取以社会服务机构等组织形式进行登记注册。同时，部分区域还有本地区的相关规定，也可以参照执行。

目前，我国生态环境志愿服务组织多以社会服务机构的类型进行登记注册。此外，根据组织规模、活动范围、资金来源等因素，还可以选择基金会、社会团体等其他组织形式进行登记。

第一阶段，名称核准与材料准备：

1. 申请部门及机构

生态环境志愿服务组织应向当地民政部门申请登记注册，同时涉及公安、税务、银行、人力资源和社会保障等部门的相关手续。

2. 申请流程

向民政部门申请核名，获得名称核准通知书；办理和递交申请材料，包括申请书、业务主管单位同意成立文件（如需）、办学许可证（教育类单位提供）、申请人及拟任负责人基本情况及身份证明、场地使用权限证明、章程草案、捐赠财产承诺书及验资证明等；获得批复及登记证书。

---

① 钱海.生态文明与中国式现代化[M].北京：中国人民大学出版社，2023：55.

3. 注意事项

（1）组织名称应符合相关规定，避免使用禁止性词汇；

（2）经营场所应设于申请登记地区内，并具备合法的使用权证明；

（3）举办人需明确，并在申请过程中签名、盖章或办理相关流程；

（4）业务范围需与章程及业务主管单位核定的业务范围一致。

第二阶段，登记公告：

1. 获得批复及登记证书

递交所有申请资料后，等待民政部门批复。获得批复后，将领取核准成立的批复文件、备案核准后的章程以及登记证书正副本。

2. 刻制法人公章

携带登记证书等文件到公安局指定刻章机构刻制法人公章和财务章，并获取公安部门对刻章许可证及启用印模的批复。

3. 刊登成立公告

在获得登记证书 1 个月内，需刊登成立公告，以宣告组织的正式成立。

4. 开设银行基本户

携带登记证书、法人公章等证件和资料到银行开设基本户，用于组织的日常资金往来。

5. 向民政部门递交资料备案

填写银行账号名表和印章备案表，并携带相关证件和表格的复印件及原件到民政部门办理备案手续，完成整个申请注册程序。

（二）生态环境志愿服务组织备案管理

鉴于生态环境志愿服务组织发展程度不均衡，部分组织尚未达到登记注册条件，备案管理成了一种有效的过渡措施。通过备案管理，可以规范组织的活动行为，保障其合法权益，同时有利于政府部门的监管和指导。

1. 备案管理的单位与条件

（1）备案管理单位

生态环境志愿服务组织的备案管理单位主要包括所在地的街道办事处、乡镇人民政府民政部门以及枢纽型平台组织（如志愿服务组织联合会、社会组织联合会等）。

（2）备案所需条件

①组织名称：申请备案的生态环境志愿服务组织应有固定的组织名称，并符合命

名要求；

②成员数量：拥有一定的成员数量，以满足志愿服务活动的需要；

③组织负责人与联系人：有固定的负责人和联系人，负责协调组织开展服务及内部对接工作；

④服务内容：有明确的志愿服务内容，如环保宣传、监督、治理等；

⑤服务区域：有明确的服务区域，以限定组织的服务范围和备案级别。

2. 备案所需材料及流程[①]

（1）备案所需材料

如在枢纽型平台备案，需在枢纽型平台网站中详细填写组织信息并完成注册；如在民政部门备案，需填写备案登记表（如有指定表格则直接填写，如无则自拟志愿服务信息文件），包括组织名称、成员数量、服务区域、服务内容、负责人与联系人信息等。

（2）备案流程

①提交材料：将备案所需材料提交至备案管理单位；

②审核材料：备案管理单位对提交的材料进行审核；

③备案公告：审核通过后，备案管理单位将通过一定途径向社会公告备案信息；

④开展活动：备案后的生态环境志愿服务组织即可依法依规开展志愿服务活动。

三、生态环境志愿服务组织的结构设置

生态环境志愿服务组织的结构设置是组织发展的重要环节。一个科学合理的组织结构可以提升组织的决策效率，优化资源配置，激发志愿者的积极性和创造力，为环保事业注入持久动力。

（一）生态环境志愿服务组织结构设置的重要性

1. 提升决策效率

一个科学合理的组织结构能够明确各部门和岗位的职责权限，使决策过程更加高效、有序。通过合理的分工和协作，可以确保信息在组织内部快速流通，减少决策过程中的信息不对称和延误现象，从而提高组织的响应速度和应变能力。

---

① 中国志愿服务研究中心，中国志愿服务研究中心浙江（宁波）分中心．志愿服务概论 [M]. 北京：社会科学文献出版社，2022.

2. 优化资源配置

合理的组织结构有助于实现资源的优化配置。通过明确各部门的职责和任务，可以确保各项资源（包括人力、物力、财力等）得到充分利用，避免资源浪费和重复建设。同时，还可以根据组织发展的需要，灵活调整资源配置，以适应外部环境的变化和挑战。

3. 激发志愿者的积极性和创造力

一个科学合理的组织结构能够为志愿者提供更多的发展机会和成长空间。通过明确的晋升通道和激励机制，可以激发志愿者的积极性和创造力，提升他们的归属感和忠诚度。这不仅有助于吸引更多优秀人才的加入，还能为组织的长期发展奠定坚实的人才基础。

（二）生态环境志愿服务组织结构的设置

1. 管理层次的划分

（1）管理宽度的确定。管理宽度是指一名管理者直接管理的下属人数。在生态环境志愿服务组织中，管理宽度的确定应综合考虑管理者的能力、下属的素质、工作的复杂性等因素。一般来说，对于规模较小、业务相对简单的组织，可以适当增加管理宽度，以减少管理层次和提高决策效率；而对于规模较大、业务复杂的组织，则应适当缩小管理宽度，以确保管理的有效性和控制力。

（2）管理层次的设置。根据管理宽度的确定，生态环境志愿服务组织可以设置相应的管理层次。一般来说，组织的管理层次可以分为决策层、管理层和执行层三个层次。决策层主要负责制定组织的战略规划和重大决策；管理层负责具体业务的管理和协调；执行层则负责具体任务的执行和操作。通过明确各层次的职责和权限，可以确保组织的高效运作和有序发展。

2. 部门的划分

（1）按职能划分部门。按职能划分部门是生态环境志愿服务组织常用的部门划分方式。根据组织的业务需求和工作性质，可以将组织划分为不同的职能部门，如宣传部、项目部、财务部、人力资源部等。每个部门负责相应的业务工作，确保各项任务的顺利完成。这种划分方式有利于发挥各部门的专业优势，提高工作效率和质量。

（2）按项目划分部门。对于以项目为主导的生态环境志愿服务组织，可以按项目划分部门。每个项目部门负责一个或多个具体项目的策划、实施和评估工作。这种划分方式有利于项目管理的专业化和精细化，提高项目的成功率和影响力。同时，还能促进不同项目之间的交流和合作，实现资源共享和优势互补。

（3）跨部门协作机制。无论采用哪种部门划分方式，生态环境志愿服务组织都应建立有效的跨部门协作机制。通过定期召开会议、建立信息共享平台、开展联合活动等方式，加强部门之间的联系和沟通，促进信息的快速流通和资源的有效利用。这有助于打破部门壁垒，提高组织的整体效能和应对复杂问题的能力。

3. 职权的划分

（1）决策权的分配。决策权是组织中最重要的权力之一。在生态环境志愿服务组织中，决策权的分配应遵循民主集中制的原则。对于重大事项和战略规划的决策，应由决策层进行集体讨论和表决；对于日常业务和管理事务的决策，则可授权给管理层或相关部门负责。通过合理的决策权分配，可以确保决策的科学性和有效性，同时避免权力过于集中或分散导致的决策失误和效率低下。

（2）执行权的落实。执行权是组织实现目标的重要保障。在生态环境志愿服务组织中，应明确各部门的执行权力和责任范围，确保各项任务得到有效执行。同时，还应建立相应的监督和考核机制，对执行情况进行监督和评估，及时发现和解决问题，确保组织的正常运作和目标的实现。

（3）监督权的行使。监督权是确保组织规范运作和健康发展的重要力量。在生态环境志愿服务组织中，应设立专门的监督机构或岗位，负责对组织的各项活动进行监督和管理。监督机构或岗位应具有独立性和权威性，能够及时发现和纠正问题，防止组织内部的腐败和违规行为的发生。同时，还应鼓励志愿者和社会公众对组织的活动进行监督，形成多元化的监督体系。

四、生态环境志愿服务组织的年审管理

完善生态环境志愿服务组织的年审管理，是社会组织规范化发展的必要条件。为确保生态环境志愿服务组织能够持续、规范、高效地运作，加强年审管理显得尤其重要。年审有助于推进志愿服务组织的诚信建设，也是优化资源配置的有效手段。

（一）年审材料的准备

1. 年审报告书声明材料

生态环境志愿服务组织在准备年审材料时，首先需要填写年审报告书声明材料。该材料应保证所提供的所有信息、数据均真实有效，并对相关内容负责。这是年审工作的基础，也是体现组织诚信的重要一环。

2. 组织基本信息表

组织基本信息表是年审材料的重要组成部分，包括组织名称、地址、行业分类、开办资金、业务范围、登记证号、法人信息、理事会信息、组织负责人信息等。这些信息有助于年审机关全面了解组织的基本情况，为后续审查工作提供基础数据。

3. 组织内部建设信息表

在年审报告书中，生态环境志愿服务组织还需提供组织内部建设信息表。该表应详细记录本年度组织发生的登记事项变更情况、年度会议及换届情况、内部制度建设情况以及信息公示情况等。这些信息有助于年审机关评估组织的内部治理结构和制度执行情况。

4. 组织接受监督管理信息表

组织接受监督管理信息表是反映组织遵守法律法规情况的重要材料。生态环境志愿服务组织需如实汇报本年度是否进行组织评级、评级结果如何以及是否接受过行政处罚等信息。这些信息有助于年审机关了解组织的合规性，并对违规行为进行及时纠正。

5. 组织财务会计报告

组织财务会计报告是年审材料中的核心内容之一。它应包含体现组织财务状况的资产负债表、业务活动表和现金流量表。这些报表能够全面反映组织的经济活动和财务状况，有助于年审机关评估组织的财务健康度和资金使用效率。同时，志愿服务组织还需提供本年度完整的财务审计报告，该报告需由具有财务审计资质的会计师事务所出具并加盖公章。

6. 组织内设机构变动信息表

组织内设机构变动信息表是记录组织本年度内设机构增减情况的重要材料。对于生态环境志愿服务组织而言，内设机构的合理设置和变动对于提高组织效能具有重要意义。因此，该表应详细记录组织内设机构的增减情况，以便年审机关了解组织的内部结构变化。

7. 组织本年度业务总体情况及下一年度工作开展计划

生态环境志愿服务组织在年审时还需提供本年度业务总体情况及下一年度工作开展计划。该材料应详细记录组织在本年度的整体工作开展情况、组织发展情况、服务开展情况以及下一年度的工作计划和目标。这些信息有助于年审机关了解组织的工作成效和发展规划，并对组织的未来发展提出指导和建议。

8. 组织人力资源信息表

组织人力资源信息表是反映组织人员构成和管理情况的重要材料。生态环境志愿服务组织需向年审管理机关汇报本年度内的从业人员数量及构成情况、从业人员工资薪酬情况、社会保障费缴纳情况、志愿者使用情况以及人事档案管理情况等内容。这些信息有助于年审机关了解组织的人力资源状况和管理水平。

9. 组织党建工作信息表

根据相关法规要求，凡志愿服务组织中具有 3 名以上党员的，均需要成立党小组。因此，生态环境志愿服务组织在进行年度审查时还需提供党建工作信息表。该表应详细记录组织的党员数量、党小组建设情况、党建活动开展情况以及党员在志愿服务中的作用发挥等。这些信息有助于年审机关了解组织的党建工作情况，并对加强党对志愿服务组织的管理与指导提出建议。

10. 组织获奖与宣传信息表

生态环境志愿服务组织在年审时还需展示本年度内组织获得的奖励表彰情况、媒体宣传报道情况以及服务品牌建设情况等内容。这些信息有助于年审机关了解组织的社会影响力和品牌知名度，并对组织的宣传工作提出指导和建议。

（二）年审流程的实施[①]

1. 线上办理与材料提交

目前，国内大部分地区的组织年审工作已由现场办理改为线上办理。生态环境志愿服务组织在接到年审通知后，应登录当地民政部门指定网站下载相关表格资料，并按照要求填写表格、准备资料制作年审报告书。完成后，将年审报告书通过网站进行提交即可。这一流程既简化了年审手续，又提高了工作效率。

2. 审查与反馈

年审机关在收到生态环境志愿服务组织提交的年审报告书后，将对报告书进行审查。审查过程中，年审机关将重点关注组织的财务状况、内部管理、业务开展情况等方面。对于存在的问题和不足，年审机关将及时向组织反馈并提出整改建议。组织应根据反馈意见进行整改，并在规定时间内将整改情况报告给年审机关。

3. 加盖年审印章

审查结束后，生态环境志愿服务组织需携带组织登记证书副本前往民政部门加盖

① 王忠平，沈立伟. 志愿服务组织建设与项目管理 [M]. 北京：中国人民大学出版社，2018.

年审结果印章。至此，年审工作结束。加盖年审印章是组织合法存续的重要标志，也是组织参与志愿服务活动的基本条件之一。

第二节　生态环境志愿服务组织的治理

治理是一个广义的概念，可以理解为整治、引导或者控制。治理不同于管理，治理涵盖与组织使命的界定、政策的建构、决策过程的建构、执行特殊重要程序的设定等事项有关的决定与行动等。[①] 志愿服务组织的治理是提升服务效率、增强组织稳定性的重要手段。通过科学的治理体系，可以加强志愿者间的协作，优化资源配置，提高志愿服务活动的质量与社会影响力。

一、生态环境志愿服务组织治理的主要目标

志愿服务组织的治理不仅关乎组织的日常管理，还涉及如何激发志愿者的热情、提升服务质量以及确保组织的长期稳定发展。治理的最终目的是使志愿者能够在不同的环境和条件下高效运作，实现生态保护和环境治理的长远目标。因此，治理的目标应当清晰且具体，能够解决组织建设和发展过程中的突出问题。

（一）提升组织凝聚力

凝聚力是志愿服务组织稳定发展的基石。生态环境志愿服务组织通常由来自不同社会背景、职业、文化和地域的志愿者组成，因此，组织内的凝聚力建设尤为重要。不同的志愿者可能对生态环境保护有不同的理解和热情，文化和生活习惯的差异也可能给组织合作带来一定的摩擦。此时，通过科学治理增强组织的内在凝聚力，成为组织治理的首要目标。

1.文化建设

文化建设是提升志愿者凝聚力的有效途径之一。通过树立共同的价值观和文化理念，能够增强志愿者的归属感和认同感，让他们在志愿服务过程中感到自己不仅是在为社会作贡献，而且是组织不可或缺的一员。例如，在生态环境保护的背景下，强调"绿水青山就是金山银山""绿色发展""生态文明""可持续性"等理念，可以使志愿者在执行任务时更加专注于长远目标，而非短期的个人利益。同时，文化建设还能帮

---

① 陈林.非营利组织法人治理及研究 [D].合肥：中国科学技术大学，2002.

助组织成员在面对困难和挑战时，始终保持对环境保护事业的信念与决心。

2. 定期团队建设活动

定期团队建设活动，不仅能增进志愿者之间的了解，还能培养组织成员的协作精神。环保主题分享会、经验交流会、集体团建活动等，都是促进志愿者互相沟通和协作的有效形式。这类活动的核心目标是促进志愿者之间的情感交流，消除隔阂和误解，增强组织的集体主义精神。通过这些活动，志愿者不仅能加深对环境保护事业的认识，还能激发对组织目标的认同和共同努力的意识。

3. 建立志愿者奖励机制

设立合理的奖励机制，是激励志愿者积极参与和维持组织稳定的重要手段。奖励机制不仅是物质上的激励，更多的是精神上的认可和尊重。通过定期的表彰大会、个人贡献奖、组织表现奖等形式，可以有效地激发志愿者的积极性，增强他们的责任感和荣誉感。此外，为志愿者提供一定的职业发展和技能提升机会，也是增强组织凝聚力的有效途径。通过奖励机制，志愿者不仅能获得精神上的满足，还能在自我成长中得到回报，从而增强对组织的忠诚度。

（二）优化服务质量

服务质量是志愿服务组织长久发展与否的关键。高质量的志愿服务不仅能对解决现实中的生态环境问题作出实质性贡献，还能通过积极的影响力吸引更多人参与到环保事业中。因此，优化服务质量是志愿服务组织治理的核心目标之一。

1. 明确任务分工

任务分工是提升服务质量的重要手段。在志愿服务组织中，每个成员的能力和特长不同，合理的任务分配能够确保每个人都能够在自己的岗位上发挥最大作用。通过对志愿者的能力、兴趣、经验等进行详细评估，组织可以将任务分配给最合适的成员，从而提高工作效率，减少任务的重复性和无效性。还可以避免资源的浪费，确保每一项任务都能高效执行。

2. 标准化管理

在服务过程中，建立严格的标准化管理体系非常重要。标准化管理不仅有助于提升服务质量，还能确保志愿活动的可持续性和长期性。通过制定明确的服务规范和标准，确保每一项志愿服务活动都能达到预期目标。标准化管理体系可以涵盖从活动策划、人员招募、任务分配到服务评估的全过程。通过对每个环节的规范化管理，能够最大限度地保证服务效果，提高社会的认可度和支持度。

3. 建立评估体系

为了不断提高服务质量，需要建立科学的评估体系，对每一项志愿服务活动进行定期评估。通过对活动效果的评估，能够及时发现问题并进行调整，以优化服务内容和服务方式。评估体系应包括参与志愿者的满意度调查、受益者的反馈意见以及服务效果的量化评估等方面。通过这种多维度的评估，志愿服务组织能够持续改进工作方法，提升活动的整体质量。

（三）确保组织的可持续发展

可持续发展是志愿服务组织长期运作的保障。生态环境志愿服务组织的有效运作需要稳定的支持和保障，确保组织能够在未来的时间里继续为社会贡献力量。为了确保组织的可持续发展，治理过程中需要采取一系列措施降低志愿者流失率，确保稳定、持续地运作。

1. 合理的激励机制

志愿者的参与通常是基于个人的热情和兴趣，但长期的、高强度的工作可能会导致部分志愿者的疲惫和流失。为了提高志愿者的长期参与度，治理体系应当设立合理的激励机制。不仅包括物质奖励（如交通补助、生活补贴等），还包括精神奖励和职业发展机会。通过提供多样化的激励措施，可以有效降低志愿者的流失，确保组织的稳定发展。

2. 多样化的岗位选择

志愿者服务岗位应该尽可能多样化，以满足不同志愿者的兴趣和需求。通过提供灵活的服务岗位，可以吸引不同背景的志愿者加入，并增强他们的参与感和归属感。例如，对于一些希望获得技能提升的志愿者，可以提供环境监测、数据分析等专业岗位；而对于那些时间有限或不具备专业技能的志愿者，可以提供社区环保科普、楼道杂物清理等简单岗位。通过多样化的岗位设置，志愿者可以根据自身条件选择最适合自己的工作，避免岗位单一而导致人员流失。

3. 职业发展路径

除了短期的激励措施外，建立志愿者的职业发展路径也非常重要。通过提供相关的职业培训、职称评定等机会，志愿者在参与生态环境志愿服务的同时，也能够在个人成长和职业规划方面获得提升。例如，志愿者可以通过参与项目、积累经验和知识，获得更高的职位或更广阔的职业机会。这种长期的发展机制能够增强志愿者对组织的依赖性和忠诚度，确保组织的可持续发展。

　　志愿服务组织治理的目标不仅是提升服务效率，更是保障组织的长期稳定性和可持续性。通过提升组织凝聚力、优化服务质量和确保组织的可持续发展，治理体系能为志愿者提供良好的支持和保障，从而提升其工作热情和参与度，为生态文明建设持续贡献力量。

二、生态环境志愿服务组织治理的主要内容

　　志愿服务组织的治理是确保其高效运作、稳定发展的关键。通过完善组织结构构成、制度建设及团队文化建设等可以提升志愿者的参与度、增强组织的凝聚力，有效提升志愿服务组织的整体效能，确保其长期稳定运作。按照《"美丽中国，志愿有我"生态环境志愿服务实施方案（2025—2027 年）》总体部署，各地应同步发展社会化志愿组织与专业化志愿团队两条队伍线：前者依托社工站、党群服务中心、新时代文明实践中心（所、站）等基层阵地，广泛吸纳居民（村民）、党员、青少年、巾帼与银龄群体参与；后者由生态环境系统、行业单位、高校与科研院所组建，发挥在监测、宣教、核与辐射安全等领域的技术支撑作用。对两类队伍实施分级分类培训、任务清单管理与过程留痕；通过星级评定与积分兑换，强化激励与约束并重的现代治理体系。

（一）组织结构构成

　　科学的组织结构设置是志愿服务组织治理的基础。良好的组织结构能够明确每个成员的职责与角色，确保组织的高效运作和资源的优化配置。常见的志愿服务组织结构构成如下。

　　1.核心管理团队

　　核心管理团队是志愿服务组织的中枢，负责组织的战略规划、资源协调以及运营管理。核心管理团队的构成通常包括项目经理、活动策划人员、财务支持人员等角色。项目经理作为核心人物，负责制定组织的长远发展规划、分配资源和安排日常管理工作。而活动策划人员则负责根据实际情况设计志愿活动的具体方案，确保活动的实施能够达到预期的效果。财务支持人员则负责预算管理、资金募集和资金使用的监督，确保组织运营的资金来源和支出合理。

　　核心管理团队是组织的指挥中心，其成员需要具备较强的管理能力、沟通能力和协调能力。通过科学的分工与合作，核心管理团队能够有效推进各项工作，保障志愿服务的顺利开展。[①]

---

① 王忠平，沈立伟 . 志愿服务组织建设与项目管理 [M]. 北京：中国人民大学出版社，2018.

2. 项目执行团队

项目执行团队主要负责具体的服务项目的实施和执行。根据不同的项目需求，执行团队通常会分成多个小组，如宣传组、技术组和后勤保障组等。每个小组有明确的职责，并通过相互配合完成整个项目的目标。

（1）宣传组：负责志愿活动的宣传推广，包括设计宣传材料、利用社交媒体进行活动预告、吸引更多志愿者加入等。

（2）技术组：主要负责项目中的技术支持，如环境监测数据的收集与分析、生态修复技术的实施等。

（3）后勤保障组：负责活动现场的后勤保障工作，包括物资的准备、场地的布置、交通和住宿的安排等。

项目执行团队的每个小组都有清晰的职责分工，通过协作配合，可以确保服务项目高效、顺利进行。

3. 顾问团队

顾问团队由具备专业背景的专家组成，负责为志愿服务组织提供技术支持、管理建议和政策指导。成员通常是生态学家、环保律师、环境工程师等，他们能够为服务项目提供专业的建议和指导，确保项目在执行过程中符合生态环保的标准和要求，帮助提升整个组织的专业性和公信力。

顾问团队的作用主要体现在以下几个方面：

（1）技术支持：顾问团队为项目提供技术性支持，确保环保活动的科学性和效果。例如，在植树造林项目中，顾问团队可以提供有关树种选择、种植技术等方面的专业建议。

（2）管理建议：顾问团队还可以为管理组织提供有关组织运作、项目规划等方面的管理建议，帮助组织优化运营流程。

（3）法律指导：环保活动可能涉及一些法律问题，顾问团队中的环保律师可以为项目提供法律合规方面的指导，确保活动不违反相关法律法规。

（二）制度建设

制度建设是志愿服务组织治理的基础，良好的制度不仅能规范志愿者的行为，还能够确保组织的稳定和可持续发展。制度建设通常包括服务守则、管理制度等方面。

1. 服务守则

服务守则是志愿者行为的基本规范，明确志愿者的权利与义务，并规定其应遵守

的基本准则。服务守则的制定要充分考虑志愿者的多样性，确保所有志愿者都能清晰了解自己的责任和义务。常见的服务守则内容包括：

（1）志愿者行为规范：包括志愿者在活动中应遵守的基本行为规范，如遵守时间、尊重他人、爱护环境等。

（2）志愿者权利保障：明确志愿者在服务过程中应享有的权益，如获得合理报酬（如交通补贴）、提供培训机会等。

（3）安全责任：明确在志愿服务中涉及的安全事项，确保志愿者的身心安全。

服务守则的制定与执行，能够为志愿者提供明确的行为指南，减少可能出现的冲突与不和谐因素。

2. 管理制度

管理制度是组织运作的规则体系，主要包括志愿者的招募、考核、服务安排以及退出机制等。管理制度的核心目标是确保组织运作有序，服务高效。

（1）招募制度：确定志愿者的招募标准和流程，确保招募到的志愿者具有必要的能力和素质。

（2）考核制度：定期评估志愿者的服务表现，激励优秀志愿者，帮助有困难的志愿者提升服务水平。

（3）退出机制：为确保组织的稳定性，设立合理的退出机制，确保不再符合服务条件的志愿者能顺利退出组织，并维护组织的整体稳定。

通过完善的管理制度，能够有效提升志愿服务的质量，确保服务项目的连续性和稳定性。

（三）团队文化建设

团队文化建设是提升志愿者凝聚力、强化志愿者身份认同的重要途径。通过建设良好的团队文化，能够为志愿者提供一种充满激情和鼓励的工作环境，激发他们为生态保护事业付出的动力。

1.举办组织活动

定期举办组织内部的专题讲座、趣味活动等，增强组织成员之间的联系与信任。这些活动不仅能促进志愿者之间的交流，还能帮助他们更深入地理解生态环保的重要性。

2.传播志愿精神

通过志愿者故事、经验分享等方式，传播志愿精神和环保理念，增强志愿者对环保事业的认同感，激励更多志愿者投身于环保事业中，为志愿服务组织注入源源不断的活力。

团队文化建设能够增强志愿者的集体荣誉感和归属感，从而提升他们的参与积极性和服务质量。

三、生态环境志愿服务组织治理的主要模式

志愿服务组织的治理模式决定了组织的形式、资源分配及协调方式，不同的治理模式适应不同规模和类型的项目需求。通常，志愿服务组织的治理模式分为自组织模式、合作模式和混合模式，各有其特点、优势与劣势。

（一）自组织模式

自组织模式是志愿者在没有外部干预或管理的情况下，自发地组织起来完成服务任务。在这种模式下，志愿者通常是基于共同的兴趣、目标或社会责任感形成小团队，进行独立的服务活动。

1.特点

（1）高灵活性和独立性。在自组织模式下，志愿者具备较高的自由度，可以自主选择参与活动的时间、地点和方式。这种灵活性有助于提高志愿者的参与热情，特别是在短期活动中，志愿者可以根据个人意愿迅速响应并参与其中。

（2）决策自主性。由于缺乏外部组织的管理，志愿者可以自行作出决策和行动。志愿者根据集体讨论或者个人意愿作出选择，通常体现了一种协作互助的模式。

2.应用场景

自组织模式适用于短期、规模较小的项目，如志愿者自发组织一次社区杂物清理活动，短时间内就能集结足够的人力资源进行清理工作。由于活动目标明确且时间短，较少需要复杂的管理和资源协调。

3. 优势与劣势

（1）优势

低组织成本：自组织模式的一个显著优点是其低成本。志愿者通常通过社交媒体、口头传播等形式自发组织，无须大型的行政支撑和高昂的运营成本。

执行灵活：志愿者能够快速响应，组织形式灵活，容易调整参与人员和活动时间。例如，面对突发的环境灾难事件，志愿者可以迅速形成应急组织开展救援。

（2）劣势

个体能力和协调能力的限制：因为缺乏专业的组织结构和管理流程，容易出现工作安排不周、沟通不畅等问题，影响活动的整体效果。

缺乏长期规划：这种模式下一般难以进行长期战略规划，因为组织结构松散，缺乏稳定的领导和管理体系，难以维持长期的组织发展和项目推进。

4. 适用场景总结

自组织模式适合于小范围、突发临时的项目，对于快速响应、灵活操作的环境保护活动非常有效，但不适合规模较大、需要系统管理和长时间持续的项目。

（二）合作模式

合作模式是志愿服务组织与政府、企业、社会组织等外部机构合作，分工明确、资源共享，通常有专门的组织进行管理与协调。在这种模式下，各方协同工作，共同推动项目的实施。

1. 特点

（1）资源整合与专业支持。合作模式可以利用各方的资源和专业支持。政府可以提供政策支持和资金支持，企业可以提供技术和物资支持，社会组织则可能提供专业的管理经验和志愿者网络。这种模式充分利用了外部资源来保证项目的顺利实施。

（2）分工明确与责任清晰。在合作模式下，各方的角色和责任通常会进行详细划分。志愿服务组织负责具体的服务工作，而政府或企业则负责提供资金、技术或其他物资支持。各方分工明确与责任清晰。

2. 应用场景

合作模式适合于大型、跨区域的环保项目，如湿地保护、草原生态恢复、大型生态监测等。这些项目通常需要广泛的资源支持和协调管理，仅靠志愿者自发行动难以完成。

3. 优势与劣势

（1）优势

专业化与系统化：合作模式能够依靠专业机构的专业能力和技术支持，保证项目的高质量执行。志愿者可以在专家的指导下进行更为高效和科学的工作。

资源共享与保障：志愿者不需要单独承担项目中的风险，通过合作得到充分的物资和资金保障。项目的持续性能得到更好的支持。

（2）劣势

管理复杂度高：合作模式通常需要协调多个利益相关方，涉及的管理流程较为复杂。不同组织之间可能存在不同的目标和工作节奏，沟通不畅可能导致项目的执行效率降低。

成本较高：尽管合作模式能够提供更多资源和保障，但同时会带来较高的组织和管理成本。特别是涉及政府和企业时，项目的行政审批、资金分配等环节可能较为繁琐。

4. 适用场景总结

适用于大规模、长期的环保项目，特别是那些涉及多个部门和利益相关方的复杂项目。通过多方合作，能够确保项目有足够的资金和技术支持，但需要有效的协调机制和管理结构，以确保项目的顺利推进。

（三）混合模式

混合模式是结合自组织模式和合作模式的优点，通过合理整合两者的特点来应对复杂的环保任务。混合模式下，志愿服务组织在自主组织的基础上，既保留了灵活性，又能利用外部资源确保项目的成功实施。

1. 特点

（1）灵活性和稳定性的结合。混合模式能够在保持自组织模式的灵活性和独立性的基础上，融入合作模式的系统性和资源支持。志愿者既可以灵活自主地参与活动，也可以依赖外部机构提供的技术和资金支持，形成一种平衡。

（2）多方参与和协同工作。混合模式下，志愿者和各类组织机构共同参与工作，角色和任务的分配更加灵活，可以根据实际情况调整。志愿者可以在组织内工作，同时与外部资源进行协调与合作。

2. 应用场景

混合模式适合于中长期的项目，这些项目既需要独立行动能力，也需要外部资源的支持。典型的应用场景如绿色空间建设、生态旅游的推广等。

例如，在一个沙地绿化项目中，志愿者可以自主组织小组开展植树、绿化美化等活动，同时借助政府和企业提供的资金、技术支持进行长期的维护与管理。

3. 优势与劣势

（1）优势

结合两者优点：混合模式可以充分发挥自组织模式的灵活性，并且整合合作模式中的外部资源支持，提升项目的执行效率和可持续性。

适应性强：由于混合模式能够根据项目的需求灵活调整参与方式，因此在应对不同规模和类型的环保活动时，具有较强的适应性。

（2）劣势

管理协调的挑战：混合模式涉及多个层次的组织与协作，可能导致管理上的协调挑战；对志愿者自发组织与外部机构之间的协调和配合要求较高，容易出现信息不畅和任务执行不力的情况。

4. 适用场景总结

混合模式适用于那些需要结合灵活执行与外部支持的项目，特别是在中长期、涉及多方合作的环保项目中。混合模式通过兼顾灵活性与系统性，能够提高组织素质与项目的成效。

四、常见问题与解决策略

在志愿服务组织的治理过程中，随着活动规模的扩大和服务内容的多样化，常常会面临一些问题。这些问题如果得不到有效解决，可能影响组织的稳定性、服务质量以及志愿者的积极性。

（一）志愿者流失率高

1. 产生原因

（1）缺乏归属感：志愿者在参与过程中如果感到自己仅仅是一个短期的"工具"，而没有与组织建立起深厚的情感联系，容易导致流失。

（2）活动形式单一，缺乏成长机会：长期参与重复性单调的任务，可能使志愿者失去热情，缺乏自我提升的空间和成长机会，进而选择离开。

2. 解决策略

（1）多样化的活动设计：活动设计不仅要关注项目的基本任务，还要兼顾趣味性、挑战性和组织合作性。例如，组织创意竞赛、户外体验活动等，提升参与感和组织凝聚力。

（2）建立"志愿者职业发展路径"：提供清晰的成长轨迹和培训机会，让志愿者

能够看到自己的成长空间。通过举办培训或成果分享会等，提升志愿者的能力和成就感，激发其持续参与的动力。

（二）内部沟通不畅

1.产生原因

（1）信息传递渠道单一：如果信息只通过少数渠道传递或管理层级过多，可能导致志愿者无法及时获取重要信息或产生误解。

（2）组织成员间缺乏沟通机制：志愿服务组织一般由具有不同背景、经验的人员组成，缺乏有效的沟通机制容易导致误解和工作进度拖延。

2.解决策略

（1）建立高效沟通平台：如利用微信群等建立一个开放的沟通平台，确保所有成员能随时获取信息，减少沟通上的滞后，以促进志愿者之间的互动和交流。

（2）定期召开组织沟通会议：定期举行线上或线下的组织会议，讨论项目进展、问题反馈和下阶段的工作计划。能够确保信息畅通无阻，让每位成员都能发表意见和建议，增强组织的凝聚力。

（三）服务质量难以保障

1.产生原因

（1）缺乏明确的任务分工：在活动中志愿者未能明确分工，可能导致职责重叠或忽视某些任务，从而影响整体活动的效率和质量。

（2）没有统一的服务标准：志愿者在进行具体工作时，可能会由于经验差异或对服务要求的理解不同，出现服务质量参差不齐。

2.解决策略

（1）引入"任务分工表"：在每项志愿服务活动中，明确每位志愿者的责任和任务分配。通过分工表确保任务不重叠，避免遗漏，也让志愿者明确自己的工作目标。

（2）制定服务质量评估指标体系：如活动效果评估、志愿者满意度调查等，确保活动的质量能够得到持续监控和改进。可以通过定期的问卷调查、现场观察等方式进行，及时发现问题并及时解决。

（四）团队缺乏文化认同

1.产生原因

组织成员的背景和志愿服务的动机各不相同，导致组织内部可能缺乏统一的价值观和文化认同感。如果志愿者未能感受到团队文化的吸引和支持，容易导致组织凝聚力不足。

2. 解决策略

（1）通过组织成果分享会提升文化认同感：定期组织分享会，鼓励志愿者讲述自己参与项目活动的故事，分享个人的感悟和收获。这不仅能增强志愿者的成就感，还能让组织成员体会到归属感，提升集体认同度。

（2）组织定期的志愿者荣誉庆典：通过定期举办表彰大会、荣誉庆典等活动，表彰优秀志愿者并庆祝组织的共同成就。让他们更深刻地认同团队文化和使命，增强集体归属感和使命感。

志愿服务组织治理还应进一步注重信息技术的应用，加强组织成员之间的协作和文化建设，并通过持续的制度优化和灵活的治理策略，提升组织的品质和影响力。

第三节　生态环境志愿服务组织的管理

志愿服务组织的管理是保障活动顺利进行、确保资源合理利用、保证服务质量、促进志愿者成长、增强组织凝聚力的核心环节。科学管理是志愿服务有效开展、推动环保事业发展的关键，也是提高活动执行效率，增强志愿者的归属感和持续参与的动力。生态环境志愿服务组织应全面接入"中国志愿服务协同平台"，实现志愿者注册、任务发布、过程留痕、绩效评估和星级评定的一体化管理体系。

一、生态环境志愿服务组织管理概述

（一）生态环境志愿服务组织管理的定义

志愿者管理是指对人的管理，是为处理人与工作、人与人、人与组织的互动关系而采取的一系列活动。[①]生态环境志愿服务组织管理是指对参与生态环境志愿服务的组织进行一系列常规的组织建设、沟通协调、培训发展、策划实施、监督评估、激励保障等人力资源管理和财务管理的全过程。其核心目标是优化志愿者的配置，提高工作效率，并激励志愿者长期参与环保行动。

具体而言，生态环境志愿服务组织管理涉及人力资源管理，即招募、培训、考核、激励志愿者，提高服务质量；财务管理，即合理分配和使用资金，确保资金来源稳定、透明；组织架构优化，即明确各级志愿者的职责，提升组织协作效率；项目管理，即

---

① 王忠平，沈立伟. 志愿服务组织建设与项目管理 [M]. 北京：中国人民大学出版社，2018.

制订志愿活动计划，确保执行效果和目标达成；监督与评估，即定期评估志愿服务成效，优化管理机制。

建立高效的生态环境志愿服务组织管理体系，需要在管理中必须制定合理的目标，结合实际情况，确保资源的高效配置；根据志愿者的专业背景、兴趣和时间安排，合理分工，设立不同的工作小组或团队进行分类管理；通过表彰、奖励、成长机制等激励保障方式，提高志愿者的参与积极性，增强组织的稳定性；充分利用政府、企业、社会组织的资源，也就是通过资源整合实现资金、技术、人员的优化配置。科学合理的管理才能让每个志愿者成为志愿服务组织的支持者，甚至是捐赠者。

（二）生态环境志愿服务组织管理的特殊性

相较于其他类型的志愿服务组织管理，生态环境志愿服务组织管理具有以下特殊性。

1. 生态环境志愿服务的长期性

生态环境的改善不是一蹴而就的，而是需要长期的持续努力。植树造林中新种植的树木需要多年时间才能形成森林，并且需要长期养护，保证存活率。湿地生态系统的修复往往需要 10 年以上的周期，必须长期进行水质监测、动植物保护等工作。空气污染、水污染、土壤污染等问题需要多年治理，甚至跨代际努力才能真正改善。这意味着生态环境志愿服务组织的管理不能只关注短期项目，还应建立长期参与机制。

2. 生态环境志愿服务的专业性

生态环境志愿服务涉及生态学、环境科学、地理学、气候变化、生物多样性保护等多个专业学科领域，很多任务需要志愿者具备一定的专业知识。生态监测志愿者需要掌握基本的水质检测、空气质量分析技能。而植树造林志愿者需要了解不同树种的特性，以及如何提高种植存活率。志愿者需要多种专业知识的支撑才能避免对生态系统造成二次破坏。因此，管理者需要提供专业培训，并建立与高校、科研机构等的多方合作机制，确保志愿者能够获得必要的知识和技能；也需要提供专业设备支持，对设备进行统一管理、维护和培训，确保志愿者能正确使用，提高服务效率。

3. 生态环境志愿服务的风险性

生态环境志愿服务不同于一般的社区志愿服务，部分任务可能涉及一定的风险，如可能会面临恶劣天气、野生动物袭击、接触有害物质等风险。管理者需要提供安全

培训，包括野外生存知识、急救技能等，提高志愿者应对突发情况的能力；购买保险，为所有参与者提供必要的保障，确保志愿者的安全。

（三）生态环境志愿服务组织管理的必要性

长期以来，志愿服务组织的管理容易被忽视，根本原因是很多组织管理意识不足，一些组织或项目负责人认为志愿者是"临时性"或"辅助性"资源，认为他们的工作不需要严格管理，导致缺乏系统的管理体系。如果志愿者活动是临时性的或缺乏长期规划，组织者可能不会投入精力去制定详细的管理方案，而是随意分配任务，导致后续管理混乱。

通常很多管理者过于强调志愿精神，忽视了专业管理的重要性，认为志愿者"有爱心"就够了、就能胜任工作，而没有提供必要的培训和监督。也有一些组织认为志愿者出于自愿参与，志愿者"不需要管理"，管理过多可能会让他们感到束缚，从而降低参与积极性，因此选择"放任"或"宽松"管理。

许多公益组织或志愿项目依赖有限的资金和人力资源，可能没有专门的管理人员来负责志愿者协调，导致管理被忽视或无法深入。尤其是新成立的志愿服务组织，可能缺乏系统的管理经验，不知道如何高效培训、考核和激励志愿者，导致管理不到位。如果组织没有明确的激励措施，可能导致志愿者流动性大，管理者也就难以长期投入管理工作。因此，从实践经验来看，对生态环境志愿服务组织的管理，主要是针对以下一些问题：

（1）服务质量下降：志愿服务组织缺乏明确的分工和协调，可能导致任务重复、资源管理混乱、资源浪费或重要工作无人负责，志愿者未能接受适当的培训或指导，可能导致提供的服务不专业，甚至影响服务对象的体验和满意度，因此需要对志愿服务组织进行管理。

（2）公信力受损：如果管理不善，志愿服务组织可能在社会公众和合作伙伴中失去信誉，影响后续的志愿招募和资金支持，因此志愿服务组织管理很有必要性。

（3）士气下降：志愿者如果得不到良好的引导和认可，可能会感到迷茫、无助，甚至对志愿服务失去兴趣，影响整体组织的积极性，因此需要加强志愿服务组织管理。

（4）责任不清：如果没有清晰的管理体系，出现问题时难以追责，如志愿者违反规定、发生安全事故或引发法律纠纷，因此必须加强志愿服务组织管理。

（5）安全隐患增加：缺乏管理可能导致志愿者或受助人处于不安全的环境中，如应急措施不到位、志愿者未经筛选等，可能带来安全问题，因此必须进行志愿服务组织管理。

（四）生态环境志愿服务组织管理的主要内容

要构建完善的管理体系，需要从以下几个方面进行管理。

1. 志愿者招募与培训

（1）招募方式：线上线下结合，通过社交媒体、社区活动、学校宣传等方式吸引志愿者。

（2）甄选机制：根据志愿者的兴趣、专业知识、可投入时间等进行匹配。

（3）培训体系：包括基础环保知识培训、专项技能培训（如水质监测、森林巡护）、组织协作培训等。

2. 活动策划与执行

（1）设定目标：明确服务项目的具体目标，如减少垃圾污染、改善某区域空气质量等。

（2）制订计划：详细安排活动时间、地点、参与人员、所需资源等。

（3）风险管理：针对环保活动可能存在的安全风险（如野外巡护的安全问题）制定应急预案。

3. 志愿者激励与考核

（1）激励措施。颁发志愿服务证书，记录服务时长；设立优秀志愿者奖项，提高荣誉感；提供学习、职业发展机会，如推荐环保机构实习等。

（2）考核机制。建立服务评分体系，根据志愿者的参与度和贡献进行评估，并定期进行组织回顾与反馈，优化管理模式。探索建立志愿服务星级评定与积分兑换机制，激励组织和个人积极参与生态环境保护工作。

4. 志愿服务的评估与改进

（1）数据收集：记录每次活动的成果，如垃圾清理数量、植树存活率、公众参与度等。

（2）效果评估：采用问卷调查、专家评审等方式评估活动成效。

（3）持续优化：根据评估结果调整管理策略，提高服务质量。

5. 社会合作与资源整合

（1）政府合作：申请政策支持，与生态环境、林业部门等政府机构对接，共享资源。

（2）企业合作：与企业建立合作，如联合开展环保公益项目。

（3）高校与科研机构合作：借助学术资源，提高志愿服务的科学性和影响力。

生态环境志愿服务组织的管理是一项系统工程，涵盖人力、财务、项目、激励等

多个方面。科学规范的管理体系不仅能提高志愿者的积极性和组织效率，还能增强环保活动的社会影响力和可持续性。

二、生态环境志愿服务组织人力资源管理

人力资源管理是提升服务效能与质量，支持组织可持续发展，满足志愿者需求，实现组织和志愿者共同发展的核心环节，也是规避风险、标准化流程的重要环节。

（一）生态环境志愿服务组织人力资源管理的内容

人力资源又称劳动力资源，是一定空间范围内，某一人口群体所具有的现实和潜在体力、智力、知识与技能的总和。[①] 对于生态环境志愿服务组织而言，人力资源管理是组织管理的重要组成部分，也是一个复杂化、专业化、系统化的过程，人力资源管理不仅涉及志愿者的招募、培训和考核，还包括志愿者激励、组织协作、能力提升、人才储备等多个方面。

（二）生态环境志愿服务组织人力资源管理的特点

志愿服务组织的人力资源管理与企业人力资源管理类似，但因为生态环境志愿服务的特殊性而具有自身特点，生态环境志愿者又不完全等同于企业员工，他们的工作是基于个人意愿和社会责任感，既要激励大家的工作热情，又要赋予工作以特殊的意义。[②] 因此，志愿者管理必须具备针对性的策略，强调激励机制、成长体系和归属感塑造，从而确保志愿服务组织的稳定性和长期贡献。相较于企业人力资源管理，志愿服务组织管理的特点或差异如下。

（1）非营利性和公益性：志愿服务组织不以薪酬为主要激励手段，更强调使命感、价值观和社会责任感。

（2）志愿性参与：志愿者是自愿参与服务活动的，参与度和稳定性可能比企业员工低，需要特别关注其激励和保留策略。

（3）激励方式差异：志愿服务组织的激励通常为精神鼓励和荣誉奖励，企业更多的是经济奖励和职位晋升。

（4）考核内容差异：志愿者考核侧重于社会贡献度、服务态度和效果，企业则更加关注经济绩效和个人产出。

---

① 中国志愿服务研究中心，中国志愿服务研究中心浙江（宁波）分中心 . 志愿服务概论 [M]. 北京：社会科学文献出版社，2022.
② 王名 . 志愿服务组织管理概论 [M]. 北京：中国人民大学出版社，2008：119.

（5）管理弹性更大：志愿服务组织在管理上更加灵活，注重人文关怀和价值认同，企业则较为强调制度规范和效率控制。

根据以上所述，生态环境志愿服务组织的人力资源管理同样更注重社会公益性、精神激励和使命驱动，区别于企业强调的经济效益和契约管理模式（表6-1）。

表6-1　生态环境志愿服务组织与企业人力资源管理的比较

区别维度	生态环境志愿服务组织人力资源管理	企业人力资源管理
性质与目标	公益性、非营利，追求生态效益和社会效益	营利性，追求经济效益和社会效益
人员构成	志愿参与，参与时间相对灵活、不稳定	雇佣关系，参与稳定、有契约约束
激励机制	精神激励为主，重视社会认可、荣誉感	以经济激励为主，注重薪酬、晋升
考核方式	以服务态度、社会贡献与公益成效为主	以工作绩效、经济效益和岗位职责为主
管理模式	灵活性高，以价值观和使命为导向	制度化、规范化，以效率和效益为导向

（三）生态环境志愿服务组织人力资源管理的作用

人力资源管理的最终目的是使志愿者能够在不同的环境和条件下高效运作，实现生态保护和环境治理的长远目标。合理的人力资源管理能够最大化志愿者的作用，提高环境保护工作的影响力和长期性。以下是生态环境志愿服务组织人力资源管理的主要作用。

1. 提升专业化水平，增强组织凝聚力

合理的人力资源管理能够确保志愿者具备必要的知识、技能和责任意识，使志愿服务更加专业化和高效。同时，生态环境志愿服务组织通常由来自不同社会背景、职业、文化和地域的志愿者组成。管理者需要通过多渠道、促进志愿者之间的情感交流，消除隔阂和误解，增强组织的集体主义精神。

2. 精准匹配人员，优化资源配置

在志愿服务组织中，每个成员的能力和特长不同，管理者需确保每个人都能够在自己的岗位上发挥最大作用。通过对志愿者的能力、兴趣、经验等进行详细评估，组织可以将任务分配给最合适的成员，从而提高工作效率，减少任务的重复性和无效性，

避免资源的浪费。①

3.保障服务质量，促进组织可持续发展

为了确保志愿服务组织的可持续发展，人力资源管理过程中需要采取一系列措施（如持续的培训、合理的工作分配和组织建设）来减少流失率，确保稳定、持续地运作、项目长期执行，能够在未来的时间里继续为社会贡献力量。

良好的人力资源管理能够为志愿者提供支持和保障，从而提升其工作热情和参与度。只有建立科学的人力资源管理机制，才能确保志愿服务组织在生态环境保护事业中长期发挥重要作用，为生态文明建设贡献持久动力。

（四）生态环境志愿服务组织人力资源管理的基本原则

为了确保志愿服务组织高效运作并实现长期可持续发展，人力资源管理需要遵循一系列基本原则。这些原则不仅能提高志愿者的积极性和归属感，还能优化组织协作，使生态环境保护工作更具成效。以下是生态环境志愿服务组织人力资源管理的核心原则。

1.自愿性与激励原则

生态环境志愿者不同于企业员工，他们是基于自身意愿参与公益事业，因此在管理过程中，必须尊重志愿者的自愿性，避免强制性安排或过度要求。管理者需要提供灵活的参与方式，让志愿者可以根据自己的时间安排选择短期或长期服务。尊重志愿者的兴趣和特长，将他们分配到最合适的岗位，而不是强行安排不擅长或不感兴趣的任务。由于志愿者没有薪酬回报，良好的激励机制是促使他们长期参与的关键。激励措施包括精神激励、成长激励、物质激励等。

2.公开透明原则

生态环境志愿服务组织的人力资源管理必须确保信息公开透明，以增强志愿者的信任感和归属感。制定清晰的志愿者管理规则，包括招募标准、培训要求、晋升机制、考核体系等，并向所有志愿者公开。确保志愿者有机会参与管理决策，如在大型项目中征求志愿者的意见，让他们有归属感。对于有资金运作的志愿服务组织，所有捐款、资助、物资等的使用情况应定期公布，确保志愿者了解资金的去向。设立监督机制，如邀请第三方审计或设立志愿者监督委员会，确保财务的公正性。

3.以人为本原则

生态环境志愿者的管理不仅是为了完成环保任务，还需要关注志愿者的个人成长

---

① 王全吉.文化和旅游志愿服务与管理[M].北京：北京师范大学出版社，2021.

和体验，确保他们在服务过程中得到积极的体验。合理安排工作量，避免志愿者过度劳累或感到负担过重。关注志愿者的心理需求，在长期服务项目（如偏远地区生态保护）中提供心理支持，防止志愿者因环境压力而产生倦怠感。建立反馈机制，让志愿者能够表达自己的意见，并在管理上作出相应调整。提供成长和发展机会，鼓励志愿者从基础岗位晋升为组织者、项目管理者，提高他们的领导力。

4.科学规划原则

生态环境保护是一项长期工作，因此志愿者管理必须具备科学规划的意识。通过科学规划人力资源，合理配置志愿者，根据项目需求确定志愿者的人数、分工，避免人手过多或过少。建立人才储备机制，确保每个关键岗位都有后备志愿者，避免核心成员流失导致项目无法推进。通过数据分析优化管理，如记录每位志愿者的服务时间、项目成果，以便改进后续管理策略。

5.灵活适应与创新原则

生态环境志愿服务面临复杂多变的环境，因此管理模式需要具备灵活性和创新性，以应对不同挑战。不同类型的志愿者管理方式不同，如短期志愿者主要采用激励方式，而长期志愿者则需要更系统的培养计划。引入创新技术，利用数字化工具，如在线报名系统、志愿者管理软件，提高管理效率。

人力资源管理是生态环境志愿服务组织可持续发展的关键环节。未来，随着科技进步和社会支持力度的加大，生态环境志愿服务的人力资源管理将更加智能、高效，并发挥更大的社会影响力。

三、生态环境志愿服务组织财务管理

财务管理是生态环境志愿服务组织可持续发展的重要保障。作为非营利性组织，志愿服务组织的财务管理不同于企事业单位，其资金来源较为多样，包括政府补助、社会捐赠、企业赞助、公益基金支持等。科学的财务管理不仅能提高资金的使用效率，还能帮助组织优化资源配置，增强志愿服务的可持续性。

（一）生态环境志愿服务组织财务管理的作用和价值

合理的财务管理对整个志愿服务开展有着有益作用，是生态环境志愿服务组织在管理过程中必须重视的核心内容。生态环境志愿服务组织财务管理的作用具体包括：保障资金安全和规范使用，避免资金挪用或浪费，确保资金专款专用；提高资源配置效率，通过财务预算和控制，合理分配资金；完善的财务管理有助于向政府、社会公

众及捐赠者展示资金使用情况，增强信息透明度和可信度，提升组织公信力；合理的财务规划和管理，能确保组织财务稳定性，保障生态环境志愿服务组织持续、稳定地运营。

财务管理的价值体现在：经济价值，即通过合理的资金管理与成本控制，节约开支，降低运营成本，提高资金使用效率；社会价值，即提升资金管理透明度，增强公众和社会对志愿服务组织的信任，鼓励更多人参与生态环境保护事业；管理价值，即建立规范化的财务管理体系，有助于推动组织的制度化、规范化建设，提升整体管理水平和组织专业化程度；环境价值，即财务管理使资金更有效地用于生态环境保护行动，推动生态环境保护成效的提升，产生显著的生态环境效益。

总之，财务管理对于生态环境志愿服务组织的长期发展、社会认可和生态保护的效果提升具有基础性、战略性的意义。

（二）生态环境志愿服务组织财务管理的工作内容

任何志愿服务组织的财务管理都需严格遵守相关法律法规、建立正规的管理体系并且匹配专兼职财务管理人员，主要工作内容包括预算管理、支出管理、票据管理、货币资金管理、资产管理、财务分析与财务监督、会计档案管理等[1][2]。

1. 预算管理

预算管理是财务工作的基础，主要涉及资金的筹集、分配和控制，以确保志愿服务组织的正常运作和可持续发展。

（1）预算编制：根据志愿服务计划，合理预测全年或特定项目的资金需求，制定详细的财务预算。

（2）预算审批：提交相关管理部门或组织审批，确保资金使用合规、合理。

（3）预算执行：严格按照批准的预算执行各项开支，避免超支或挪用。

（4）预算调整：当实际情况发生变化时，需根据财务状况和服务需求适当调整预算。

2. 支出管理

支出管理是确保资金合理使用、提高资金使用效率的重要环节。

（1）支出审批：所有开支应按规定流程报批，确保资金使用的透明度和合规性。

---

[1] 中国志愿服务研究中心，中国志愿服务研究中心浙江（宁波）分中心.志愿服务概论[M].北京：社会科学文献出版社，2022.
[2] 王全吉.文化和旅游志愿服务与管理[M].北京：北京师范大学出版社，2021.

（2）项目支出管理：针对不同志愿服务项目，设立专项支出账户，确保专款专用。

（3）日常运营支出：包括办公费用、志愿者补贴、宣传推广等，需严格控制成本，合理分配资源。

（4）财务报销制度：建立报销流程，确保支出有据可依，避免不必要的财务风险。

3. 票据管理

票据管理是财务管理的重要组成部分，涉及资金流向的合法性和合规性。

（1）票据收集与审核：所有支出须提供合法票据，如发票、收据等，并进行真实性审核。

（2）票据报销与登记：建立票据管理台账，确保所有票据对应的支出记录清晰可查。

（3）票据归档与保管：妥善保存各类票据，按规定期限存档，确保审计和财务检查的顺利进行。

（4）电子票据管理：推动电子化管理，提高效率，减少纸质票据的遗失风险。

4. 货币资金管理

货币资金管理涉及现金、银行存款等资金的收支控制，确保财务安全。

（1）账户管理：设立专门的银行账户，避免资金混用，确保资金流向清晰。

（2）现金管理：减少现金交易，采用银行转账或电子支付，提高资金安全性。

（3）资金流动性管理：合理安排资金使用，确保志愿服务活动资金充足，避免资金短缺或沉淀过多。

（4）内部控制制度：实行财务分工管理，如财务人员和审批人员分离，防范财务风险。

5. 资产管理

资产管理包括固定资产和流动资产的登记、维护及处置。

（1）资产登记：对志愿服务组织拥有的固定资产（如设备、车辆、办公用品等）进行登记，建立资产台账。

（2）资产使用管理：确保资产合理使用，避免浪费和损坏。

（3）资产维护与折旧：定期对资产进行维护，并根据资产折旧情况做好账务处理。

（4）资产处置：对于报废或闲置资产，按照规定程序处理，确保资产处置的合规性。

6. 财务分析与财务监督

财务分析与财务监督是提高资金使用效率、发现财务问题并优化管理的重要手段。

（1）财务状况分析：定期对财务收支情况进行分析，了解资金使用趋势，为决策提供依据。

（2）成本效益分析：评估资金投入与志愿服务活动的效果，提高资金利用率。

（3）财务监督与审计：内部设立监督机制，并定期接受外部审计，确保财务管理的透明度和合规性。

（4）风险防控：识别可能存在的财务风险，如资金挪用、资金链断裂等，并制定相应的防控措施。

7. 会计档案管理

会计档案管理是财务管理的基础工作，涉及财务数据的存档和查询。

（1）会计凭证管理：妥善保管所有原始凭证、会计账簿、财务报表等，确保数据完整性。

（2）财务报表归档：按月、季度、年度整理财务报表，确保财务数据的可追溯性。

（3）电子档案管理：采用数字化管理，提高档案存储和查询效率，降低纸质文件的管理成本。

（4）档案保密与安全：制定严格的档案保管制度，防止财务数据泄露或丢失。

生态环境志愿服务组织的财务管理涉及从资金规划到支出控制、资产管理、财务分析等多个方面。通过建立完善的财务管理制度，可以提高资金使用效率，确保财务透明，降低财务风险，最终促进志愿服务组织的可持续发展。

（三）**生态环境志愿服务组织财务管理的原则**

生态环境志愿服务组织财务管理应遵循以下原则：

1. 合法合规原则

财务管理应严格遵守国家和地方相关的法律法规，确保财务行为的合法性、合规性。

2. 透明公开原则

定期公开财务收支情况，明确资金使用去向，接受志愿者、捐赠方及社会公众的监督。

3. 专款专用原则

各类资金要根据募集或申请资金时明确的用途进行管理和使用，不得挪作他用。

4. 节约高效原则

财务开支需遵循节约成本的原则，注重资金使用效率，避免浪费现象。

5. 真实性和准确性原则

财务记录应真实、准确、完整，所有收支必须如实登记并留存凭证。

6. 民主监督原则

设立财务监督机制，明确财务审查和审批程序，接受内部民主监督，防范财务风险。

7. 持续发展原则

财务管理需具备前瞻性，合理规划资金使用，确保组织长期稳定和可持续发展。

遵循以上原则，能够有效规范志愿服务组织的财务管理，保障组织的健康发展和良性运行。

（四）生态环境志愿服务组织的财务管理优化策略

为了确保资金使用的透明性和高效性，进一步提高财务管理水平，志愿服务组织可以采取以下优化措施：

1. 完善财务管理制度

设立财务专员或财务组织，负责资金管理与报销审批。每项资金支出需经过预算审批，确保合理分配。同时，制定财务报表，记录所有资金流动情况。

2. 增加财务透明度

可以定期公开财务报告，在官方网站或社交平台上公布资金使用情况，提高公众信任度。利用第三方审计，定期聘请独立审计机构审核财务账目，确保合规性。鼓励志愿者参与监督，设立财务监督小组，由志愿者代表参与资金使用监督。

3. 提前风险防控

设立资金储备机制，如一定比例的应急基金，以应对突发情况（如自然灾害导致的紧急救援）。建立严格的财务审批流程，避免资金被挪用或管理不善，防范资金滥用。同时，在接受企业赞助、政府资金或其他资助时，签订正式合同，明确资金用途及责任。

4. 提升资金使用效率

利用科技手段优化财务管理，如采用财务管理软件，提高数据分析和资金流动监控能力。进行成本控制，优化采购流程，尽可能减少不必要的开支。通过志愿者资源共享机制，提高资源利用率（如共用环保设备、场地）。

随着社会对环保事业的关注度不断提高，生态环境志愿服务组织的财务管理也将运用数字化管理，提高财务透明度，防止资金乱用。

第七章

生态环境志愿服务文化建设

依《"美丽中国，志愿有我"生态环境志愿服务实施方案（2025—2027年）》要求，到2027年，要通过志愿服务推动形成"人人、事事、时时、处处崇尚生态文明"的社会氛围，引导公众成为生态文明理念的积极传播者和模范践行者。生态环境志愿服务文化建设是推动形成"人人、事事、时时、处处崇尚生态文明"社会氛围的关键环节。其核心目标是通过价值引领、制度保障、项目创新与社会协同，构建具有时代特征与群众基础的生态文明志愿文化体系。文化建设不仅关乎精神塑造，更是制度供给、传播创新与实践育人的系统工程。

本章从生态环境志愿服务文化建设的价值功能和基本路径两个方面对生态环境志愿服务文化建设进行系统探讨。

| 第一节 | 生态环境志愿服务文化建设的价值功能 |

生态环境志愿服务文化是推动生态环境志愿服务事业的重要软实力，也是生态环境志愿服务得以长期发展的精神内核。要以习近平生态文明思想为指导，将生态文明理念融入国民教育体系和大众传播体系，构建系统化的生态环境志愿服务文化生态伦理教育框架。本节从生态环境志愿服务文化建设的内涵与特性、生态环境志愿服务文化的功能及生态环境志愿服务文化建设的意义三个方面展开，探讨生态环境志愿服务文化建设的价值功能。

一、生态环境志愿服务文化建设的内涵与特性

志愿服务文化的内涵在于弘扬奉献、友爱、互助、进步的志愿精神，倡导社会成员践行生态优先的价值理念，自愿、无偿地参与社会公益事业，通过不断地实践和创新，推动社会和谐与进步。志愿服务文化不仅传递正能量，还促进社会凝聚力和责任感的增强，是现代社会文明的重要标志。

（一）生态环境志愿服务文化的内涵

文化是围绕共同的价值观和信仰来提高组织凝聚力与团结人们的黏合剂。[①] 志愿服务文化不仅是对志愿者个人行为的规范，更是集体行动的精神支撑。在生态环境志愿服务中，这种文化有其独特的内涵，影响着志愿者的行为模式和生态保护实践。具体内涵可从以下几个维度来理解。

1. 生态优先的价值理念

生态环境保护是生态文明建设的核心任务之一。在志愿服务的过程中，生态优先的价值理念强调将自然环境保护作为第一位的目标。这种理念不仅包括减少污染、节约资源，还体现在对生态系统保护的深入理解，强调环境与社会、经济的协调发展。例如，绿水青山就是金山银山的理念，是反映生态与经济之间可以实现双赢的发展理念。生态环境志愿服务正是以这种理念为核心推动环保行为，从而强化社会成员的生态责任感。

[①] 中国志愿服务研究中心，中国志愿服务研究中心浙江（宁波）分中心. 志愿服务概论 [M]. 北京：社会科学文献出版社，2022.

生态优先的价值理念推广有助于树立正确的生态环境观，志愿者通过参与实际的环保活动，逐步认识到经济发展不应以牺牲自然环境为代价，而应寻找可持续发展模式。这种文化不仅是具体行动的指南，也是积极行动的强大动力源泉。

2. 公益性与无偿性

志愿服务的公益性体现在服务的对象和目标上，所有的志愿活动都以公共利益为最终导向。这意味着志愿者在参与生态环保活动时，不是为了个人利益，而是为了集体的社会责任和环境保护。在这一点上，生态环境志愿服务与传统的公益活动有着共通之处，但其特别之处在于所涉及的环境问题具有跨地域性、长期性，解决这些问题需要广泛的社会参与和志愿者的付出。

志愿者无偿奉献的精神是生态环境志愿服务文化的核心之一，只有在志愿者自愿参与并为公共利益作出贡献时，志愿服务活动才能持续下去。通过志愿服务，社会成员不仅贡献了时间和能力，也在实践中体验到了环境保护的精神价值，最终形成广泛的社会共识。

3. 创新与实践结合

志愿服务文化建设强调创新与实践相结合。在应对复杂的生态问题时，传统的方式往往难以满足现阶段的需求，这就要求志愿服务队伍及志愿者不断创新探索新方法、新技术。例如，一些志愿服务组织利用无人机进行森林植被变化的监测，使用遥感技术快速识别问题区域。这种技术创新不仅提升了服务效率，也大幅增强了生态环保工作的精确性和广泛性。

此外，生态环境志愿服务文化建设鼓励志愿者合理使用科技，推动环保领域的技术革新。在某些极具挑战性的环境保护任务中，志愿者不仅是执行者，更是问题的解决者和创新的推动者。通过整合科学技术与志愿者的参与，推动生态环境事业向更高效、更智能的方向发展。

（二）生态环境志愿服务文化的特性

与其他类型的志愿服务文化相比，生态环境志愿服务文化有其独特性，尤其体现在其关注的主题、持续的时间、参与者范围等方面，具体特性如下。

1. 生态导向

生态环境志愿服务文化的核心在于保护自然生态系统，确保人与自然和谐共生。在这一文化的指导下，所有志愿者的行动都要围绕生态环境进行规划和组织，服务内容可能涉及清洁水源、空气质量监测、恢复生物多样性等方面。

这种生态导向的文化要求志愿者不仅要关注人类社会的福祉，还要深刻认识到自然环境对人类社会的基础性作用。志愿者的行动不单纯是为了满足当前的环保需求，更是着眼于未来的生态持续性。因此，志愿者必须具备长远的生态环境意识。

2. 长期性与可持续性

生态环境问题的解决从来不是一蹴而就的，许多生态环境方面的问题具有复杂性和长期性，尤其是气候变化、物种灭绝、资源枯竭等，解决这些问题需要数十年甚至几代人的努力。志愿服务文化的一个重要特性就是其长期性，它要求志愿者能够持续参与，形成稳定的情感态度和长期的奉献精神。

生态环境志愿服务文化的建设不仅是短期的动员，更要注重其可持续性。通过建立完善的激励机制和稳定的志愿者管理体系，确保志愿者能够长久地保持参与热情与行动力。可持续性要求志愿者不仅要在短期内提供帮助，还要有战略眼光，将环保行动与长远的环境保护目标结合起来。

3. 广泛性与多样性

生态环境志愿服务文化建设的广泛性，表现在志愿者的来源非常多样，志愿服务团队不仅由年轻人组成，也包括中老年人，甚至跨越不同的职业和社会阶层。志愿服务的内容覆盖各个领域，既有面向社区的垃圾分类，也有面向自然保护区的野生动植物保护。

多样性要求志愿者团队具备灵活性和包容性。无论是环境意识较强的青年学生，还是希望为社会作出贡献的企业员工，都能在这样的文化中找到属于自己的位置。生态环境志愿服务文化建设鼓励多元化的参与方式，使得不同背景的人群在共同的目标指引下，携手努力，共同推动生态文明的建设。

4. 全球化视野

生态环境问题并不仅限于某一地区或国家，全球性问题（如气候变化、海洋污染等问题）的解决需要全球范围的协作和统一行动。因此，生态环境志愿服务文化建设应具备全球化视野。鼓励志愿者超越国界，参与到国际环保项目中去，支持全球合作交流，形成共同的环保行动网络。

生态环境志愿服务文化的全球化视野体现了开放与合作的精神。志愿者不仅关注本国的环境问题，还要认识到全球生态系统的紧密联系，环保行动不再是某一国家的责任，而是全人类的责任。通过加强国际志愿者的合作与交流，促进不同文化之间的经验共享，共同应对全球性的生态挑战。

通过明确生态优先、公益无偿、创新实践的核心理念，志愿服务文化能够在实际活动中得以有效贯彻，并推动生态保护事业的发展。与此同时，其生态导向、长期性、多样性和全球化视野等特性，确保了这一文化能够在全球范围内广泛传播，并为未来的可持续发展奠定坚实基础。在生态文明建设中，志愿服务文化建设将成为推动社会整体环保行动和理念转型的重要力量。

二、生态环境志愿服务文化的功能

生态环境志愿服务文化不仅是推动生态环境志愿服务工作的重要动力，还在多方面具有关键性的功能价值。

（一）凝聚功能

生态环境志愿服务文化能够凝聚社会各界力量，共同推动生态保护事业，发挥团结合作的巨大力量。

（1）增强志愿者团队归属感。通过共同的价值观和目标，志愿服务文化让志愿者间建立起深厚联系，使他们在长期的志愿服务中产生强烈的归属感。

（2）激发全社会参与热情。志愿者的榜样作用和活动宣传可带动更多主体加入环保事业，形成自发的社会参与热潮。如在"世界地球日"期间，志愿者通过"熄灯一小时"和环保知识传播活动，吸引了成千上万的市民参与，成功提升了公众对生态环境的关注。

（二）教育功能

生态环境志愿服务文化是生态文明教育的载体之一，通过传播环保理念和服务行为，深刻改变公众的思想观念和行为方式。

（1）提高环保意识。志愿服务活动让参与者亲身体验环境问题的紧迫性，促使他们更加关注环境问题并积极采取行动。

（2）推行绿色生活方式。志愿服务文化不仅促进志愿者在活动中的绿色行为，还通过广泛的宣传，鼓励社会公众主动选择更为环保的消费模式和生活习惯。

（三）传播功能

生态环境志愿服务文化在公众与社会之间搭建桥梁，有效扩大环保理念的传播范围。传播志愿服务精神、提升志愿服务组织的透明度、塑造志愿服务组织的品牌形象、帮助志愿服务组织获得更多社会资源。[①]

---

① 王忠平，沈立伟 . 志愿服务组织建设与项目管理 [M]. 北京：中国人民大学出版社，2018.

（1）跨区域传播。通过文化活动和志愿服务团队的推动，环保理念不仅局限于单一地区，而且能够传播到更广泛的区域。生态环境治理往往涉及跨区域甚至跨国界，因此在组织生态环境志愿服务中会形成跨区域的环保网络，增强了世界各地民众的环保意识。

（2）多渠道传播。借助媒体、网络平台和公众活动等多渠道，志愿服务文化能够覆盖到更广泛的受众群体，发挥更大的影响力。传播渠道多为大众传播，包括报纸、广播、电视、公告场所内的广告牌等；网络传播包括网络媒体、搜索引擎、官方网站、手机客户端等；自媒体平台泛指人人都是发布者，与其他传播渠道相比，自媒体更为亲民、平民化。

（四）激励功能

志愿服务文化通过精神激励和社会认可，激发生态环境志愿者的参与动力，并进一步推动志愿者在服务过程中的积极表现。

（1）荣誉感与自我价值。志愿者通过参与服务活动，获得社会认可，并在过程中体验到个人成长和自我价值的实现。

（2）团队成就感。志愿者在集体活动中通过亲身参与和共同努力，看到自己的贡献成果，增强归属感与使命感。

（五）组织功能

志愿服务文化能够提升志愿服务队伍的组织性与协调性，为生态保护事业提供坚实的支持基础。

（1）促进队伍协作。通过共同的文化价值观，志愿者团队能够更高效地协作，共同完成生态保护任务。

（2）提升项目执行力。志愿服务文化强化了志愿者对目标和使命的认同，使他们在活动中更加专注、投入并提供高效服务。

（六）支持功能

志愿服务文化能够为生态环境志愿服务提供必要的资源和支持，促进志愿活动的可持续发展。

（1）吸引资金与资源支持。志愿服务文化通过有效的宣传和文化活动，能够吸引政府、企业和公益组织的资源支持，为志愿项目提供必要的资金保障。

（2）提升志愿者的社会认同。志愿服务文化通过对志愿者的认可，提升了他们的社会地位，进而推动社会对志愿活动的尊重和认同。

（七）调节功能

志愿服务文化能够在一定程度上调节志愿者与社会之间的关系，帮助缓解社会冲突，增强社会和谐与稳定。

（1）缓解社会冲突。生态环境志愿者通过文化传播和活动推动，能够帮助化解一些因生态问题产生的社会矛盾，促进社会共识的形成。

（2）增强社会责任感。志愿服务文化不仅促进了志愿者的环保行动，还鼓励了更广泛的社会群体认识到自身的社会责任，提升了社会整体的环保意识和责任感。

志愿服务文化通过其多功能性，在生态环境保护事业中发挥着不可或缺的作用。它不仅能促进志愿者的个人成长和团队协作，还能通过文化的传播、激励机制和社会支持，注入强大的精神动力和社会力量，推动整个社会在生态文明建设方面的共同进步。

三、生态环境志愿服务文化建设的意义

生态环境志愿服务文化建设意义深远。生态环境志愿服务文化建设与队伍建设、项目建设、阵地建设、能力建设相互支撑。它不仅能够提高公众环保意识，增强社会责任感，还能够促进政府、企业和社会的多方协作，推动环境治理的长效机制。同时，它还能够促进科技创新，培养环保人才，提升社会文明水平，并促进国际合作和绿色经济发展。

（一）推动生态文明建设

生态环境志愿服务文化建设的意义重大，它不仅是推动生态文明建设的有效途径，也是促进社会可持续发展的关键举措。通过生态环境志愿服务文化的建设，可以增强公众环保意识，使生态保护理念深入人心，从而推动全社会形成绿色发展共识。志愿服务文化的建设能够通过环保宣传、实践活动、科技创新等多种形式，提高公众对环境问题的认知，让更多人主动参与到环保行动中，从而形成全民参与、共同治理的良好局面。

（二）增强公民的社会责任感

生态环境志愿服务文化建设能够增强公民的社会责任感，使公众在志愿服务过程中深刻理解人与自然和谐共生的重要性。生态环境问题不仅关乎个人生活质量，也关乎社会的可持续发展，志愿服务能够让公众意识到自身行为对环境的影响，并自觉养成节能减排、垃圾分类、绿色消费等环保习惯。同时，志愿服务能够提高社会凝聚力，使更多人以实际行动践行环保理念，全面推动生态文明建设。

（三）有助于多方协同合作

生态环境志愿服务文化建设有助于政府、企业和社会组织的协同合作。政府可以通过政策支持和资金投入，为志愿服务提供保障，企业可以通过参与环保志愿活动履行社会责任，推动绿色生产方式的变革，社会组织则可以发挥桥梁纽带作用，组织各类环保志愿活动，促进资源共享和信息交流。通过多方协作，可以进一步提升生态治理的成效，实现环境保护的长期可持续发展。

（四）促进生态环境质量改善

生态环境志愿服务文化建设对于改善生态环境质量具有直接作用。例如，通过组织志愿者开展河道治理、荒漠化整治、湿地修复等活动，可以有效减少环境污染，提高生态系统的稳定性和自我修复能力。长期坚持生态环境志愿服务，能够从源头上减少污染排放，促进生态环境的恢复和改善，提高空气质量和水资源利用效率，从而提升居民生活质量和社会整体福祉。

（五）提高生态环境治理水平

生态环境志愿服务文化建设还可以推动环保科技创新，提高生态环境治理水平。随着科技的发展，环保志愿服务不仅可以依赖传统的人工实践，还可以借助无人机监测森林、智能垃圾分类系统、大数据分析污染源等新技术，提高环保行动的精准度和效率。科技与志愿服务的结合可以推动环境治理从"被动应对"向"主动预防"转变，使生态保护更加科学高效，为可持续发展提供强有力的技术支撑。

（六）促进生态环境教育的发展

生态环境志愿服务文化建设能够有力促进生态环境教育的发展，培养环保人才。

青少年是未来社会的建设者和生态环境的守护者，通过环保志愿活动，可以让他们在实践中理解生态环境的重要性，形成长期的生态责任意识。学校可以将环保志愿服务纳入课程体系，通过组织环保讲座、开展生态考察、设立环保社团等方式，提高学生的环保素养，使环保理念代际传承，推动社会整体环保意识的提升。

（七）提升社会文明程度

生态环境志愿服务文化建设还能提升社会文明程度，塑造绿色生活方式。志愿者的行动能够影响更多人，使绿色低碳、节能环保的理念渗透到日常生活中。例如，在旅游景区推广"无痕旅游"理念，鼓励游客减少垃圾产生，爱护自然环境；在社区推广垃圾分类，倡导居民减少一次性塑料制品的使用。这些看似微小的改变，长期坚持下来，将形成全社会共同遵循的环保文化规范，推动社会文明进步。

（八）促进国际交流合作

在全球化背景下，生态环境志愿服务文化建设还可以促进国际环保合作，提升国家环保形象。生态环境问题是全球性挑战，需要各国共同努力，志愿服务文化可以作为国际环保交流的重要载体。通过志愿服务组织、志愿者参与国际环保项目，与其他国家分享生态治理经验，共同推动全球生态环境治理。此外，通过生态环境志愿服务文化的推广，可以增强在国际环保事务中的话语权，推动全球绿色可持续发展。

（九）促进对绿色产业的关注和支持

生态环境志愿服务文化建设对经济发展也具有积极作用。绿色经济是未来经济发展的重要方向，生态环境志愿服务可以促进社会对绿色产业的关注和支持，例如，推动节能减排技术的应用、推广可再生能源、发展循环经济等。企业通过参与环保志愿服务，不仅能提升社会影响力，还能促进绿色生产方式的转型，提高市场竞争力。同时，消费者在志愿服务的影响下，也会更倾向于选择绿色产品，进一步推动绿色产业发展，助力经济转型升级。

总之，我们应高度重视生态环境志愿服务文化建设，使生态文明理念深入人心，让生态环境志愿服务成为社会共识，共同推动人与自然和谐共生。

第二节　生态环境志愿服务文化建设的基本路径

生态环境志愿服务文化建设的成功依赖于科学合理的路径选择。要实现生态环境志愿服务文化建设的高质量发展，需要从品牌塑造、教育传播、活动创新和跨部门协

作等多个方面入手。通过科学合理的路径设计，能够确保生态环境志愿服务文化的长期发展，提高公众对生态文明的认知度和参与度。

一、塑造志愿服务品牌

品牌化是生态环境志愿服务文化建设的重要策略。一个成功的品牌可以让志愿活动更具吸引力和影响力，使环保理念深入人心。品牌化不仅能提升志愿者的参与度，还能吸引政府、企业和社会组织的关注和支持，形成多方协作的良好局面。①

（一）品牌化打造的意义

品牌化打造不仅是一种传播手段，更是推动生态环境保护行动长期发展的重要策略。以下是品牌化打造的主要意义：

（1）提高社会认知度：一个成功的品牌能够增强公众对生态环境志愿服务的认同感，使环保活动成为公众广泛接受的社会行动。例如，"地球一小时"等已经成为全球范围内具有高度认知度的环保品牌，每年吸引数百万志愿者参与。

（2）增强志愿者归属感：品牌化能够让志愿者对所参与的活动有更强的认同感和归属感。一个具有影响力的项目品牌可以让志愿者更有动力持续参与，而不仅仅是一次性的行动。

（3）吸引社会资源支持：品牌化能够增强志愿服务的公信力，吸引政府机构、企业和社会组织的资金、技术和物资支持，为活动的长期运营提供保障。

（4）促进环保理念的持续传播：品牌化的环保项目可以通过社交媒体、新闻报道等方式持续传播，让更多人了解并参与环保行动。例如，"无塑海洋行动"通过品牌塑造，使得海洋塑料污染问题得到了全球范围的关注。

（二）打造品牌化活动的关键要素

要成功打造品牌化的志愿服务活动，需要从以下几个方面入手：

（1）明确品牌定位。每个品牌化的志愿活动应聚焦于特定的环保议题。例如，①"绿色出行周"倡导低碳出行；②"拯救湿地行动"专注于湿地生态恢复；③"森林守护者"关注森林生态的保护。同时，依托"美丽河湖志愿行动"等国家级品牌项目，开发"线上＋线下"结合的活动模式，强化群众体验与互动参与。

（2）设计有吸引力的活动内容。品牌化项目需要有鲜明的特色和丰富的互动内容，

---

① 董海涛．新时代中国特色志愿服务文化建设策略研究 [J]．广西青年干部学院学报，2023（6）．

例如，①环保行动挑战赛：如"30 天家庭无塑挑战"，鼓励公众减少塑料使用；②线上与线下结合：结合社交媒体传播，提高活动的影响力；③创新的传播方式：通过短视频、直播、元宇宙互动展示等新媒体形式，讲好生态环境志愿故事，塑造新时期志愿文化形象。

（3）建立品牌识别系统。统一的品牌标识、口号和宣传材料能够提升品牌的辨识度。例如，①设计独特的 LOGO，增加品牌的视觉冲击力；②制作品牌宣传片，提高活动的感染力；③设定品牌口号，如"绿色未来，从我做起"，增强公众的情感共鸣。

（4）长期运营和持续优化。品牌化不是一次性的活动，而是需要长期运营的项目。例如，每年定期举办品牌活动，让其成为生态环保领域的重要社会事件。

品牌化的志愿服务活动能够提升社会影响力、增强志愿者归属感、吸引社会资源支持，并促进环保理念的传播。通过科学的品牌管理，生态环境志愿服务可以更广泛地吸引社会关注，形成持久的社会影响力。[①]

二、推动教育与传播

生态环境志愿服务文化的普及和推广离不开教育和传播。要强化价值引领与思想教育，将习近平生态文明思想融入教育与传播全过程，通过志愿课堂、宣讲活动、网络传播等多种方式普及绿色生活理念。

（一）环境教育

环境教育是培养公众环保意识的基础。它不仅能提高志愿者的服务能力，还能激发更多人主动参与生态保护行动。可以通过以下几种方式推动环境教育：

（1）纳入学校教育体系。①设立专题课程：在中小学和高校课程中增加生态环境保护相关内容，让学生从小树立环保意识。②开展校园环保行动：鼓励学生参加校园环保活动，如垃圾分类宣传、节能减排行动等，提高实际操作能力。③设置环保志愿服务学分：高校可以将环保志愿服务纳入学分考核体系，提高学生的参与积极性。

（2）社区教育培训。①举办环保讲座和工作坊：在社区中心、图书馆等场所定期开展环保培训，向居民普及垃圾分类、节能减排等实用知识。②建立社区环保志愿者队伍：鼓励居民加入社区环保组织，推动本地环保行动。

（3）企业环保培训。①绿色企业文化建设：企业可以开展员工环保培训，如低碳

① 魏智勇．社区新时代文明实践志愿服务的项目设计与实施 [J]．实践（思想理论版），2021（11）．

办公、绿色出行等，增强企业社会责任感。②企业环保志愿活动：组织员工参加环保志愿活动，提高企业的社会影响力。

（4）开放生态文明教育场馆。要积极引导基础好、有条件、有意愿的单位，因地制宜建设各具特色、形式多样的具有生态环境特色和生态环境科普资源，由政府、企事业单位、社会组织等建设的生态文明教育场馆，面向公众开放，发挥生态文明宣传教育和社会服务功能。

（二）媒体传播

注重传播创新，构建"主流媒体＋新媒体矩阵"，利用短视频、直播、AI讲解与沉浸式体验等方式增强传播力与吸引力；打造全国性生态环境志愿服务品牌活动，如"美丽河湖行动""无废城市志愿行""美丽中国宣讲志愿行动"等。

（1）社交媒体传播。①短视频和直播：利用抖音、快手等短视频平台传播环保知识，提高公众关注度。②微博话题挑战：创建环保话题，如"低碳生活大家谈"，鼓励网友参与互动。

（2）公益广告和纪录片。①制作高质量的公益广告，通过电视、地铁、公交等渠道播放，提升环保意识。②拍摄环保纪录片，让公众直观了解环境问题的严重性，提高行动力。

（3）新闻和传统媒体合作。①报纸、杂志、广播宣传：定期刊登环保报道，提高公众认知。②与主流媒体合作推广环保活动，增强活动的公信力和影响力。

通过环境教育和媒体传播，可以让环保理念深入社会各个层面，提高公众的环保意识，并吸引更多人参与生态环境志愿服务。我们认为，应加强跨领域合作，推动环保教育与传播的深入发展。

三、创新文化活动形式

生态环境志愿服务文化建设还应通过创新的文化活动形式，吸引更多人关注环保议题，并提供多样化的实践平台。形式多样的文化活动能够增强公众对生态环境问题的感性认知，使环保行动更具趣味性、互动性和社会影响力。

（一）将艺术与环保结合

艺术是一种强有力的文化传播工具，通过视觉、听觉、体验等多种感官方式，使公众能够更加直观和深刻地感受环保的重要性。将生态环境理念融入艺术活动，不仅能增强传播效果，还能激发公众的创造力，使环保行动更具情感共鸣。

1. 环保艺术展览

环保艺术展览可以利用回收再生材料、废旧物品等进行艺术创作，向公众传达"变废为宝"的环保理念。例如，①再生艺术展：使用塑料瓶、旧金属、废纸等制作艺术品，展现废弃物的再利用价值。②生态摄影展：鼓励摄影爱好者拍摄环境破坏后的自然景观，增强公众对环境变化的直观感受。③互动装置艺术：通过可参与的环保艺术装置，如"垃圾分类互动墙"，让观众在实践中学习环保知识。

2. 生态音乐节

音乐节是年轻人喜爱的文化活动，将音乐与环保相结合，可以提高年轻群体的环保意识。例如，①"绿色音符"环保音乐节：采用可持续能源供电，如太阳能舞台灯光，所有门票收入用于环保项目。②"无塑"音乐节：活动现场禁止使用一次性塑料制品，推广环保餐具、可循环饮水站等绿色措施。

3. 环保戏剧与电影

通过戏剧、纪录片、电影等艺术形式，展现生态环境问题的严重性，并提出可行的解决方案。例如，①环保主题戏剧：采用沉浸式戏剧，让观众在表演中体验森林砍伐、海洋污染等环境问题，增强体验感。②纪录片《地球守护者》：展现全球环保英雄的故事，激励更多人投身于环保事业。

（二）开发科技互动活动

科技手段可以为生态环境活动提供更多可能性，使公众能够以创新方式体验环保行动的价值。借助 VR 技术、智能环保设备、环保游戏等方式，增强环保行动的趣味性和参与度。

1. 虚拟现实技术环保体验

虚拟现实技术也就是 VR/AR 技术，该技术已非常成熟。VR 技术和 AR 技术可以让公众沉浸式体验生态环境的变化，提高环保意识。例如，① VR 沉浸式体验"2050年的地球"：通过 VR 模拟全球变暖带来的环境变化，如极端气候、海平面上升等，让公众感受环保行动的紧迫性。② AR 互动环保地图：扫描特定地点，可以查看该地区的环境变化历史，如 30 年前与现在的对比，增强责任感。

2. 智能环保设备体验

利用科技设备，提高公众对环保措施的接受度。例如，①智能垃圾分类机：通过自动识别垃圾种类，引导公众正确分类，提高垃圾回收率。②空气质量监测站：在城市中设置可视化空气质量监测设备，让居民实时查看空气污染数据，提高环保行动的紧迫感。

3. 环保游戏与挑战赛

将环保理念融入游戏中，让环保成为一种有趣的体验。例如，①"环保达人"线上挑战：通过社交媒体平台，设置环保任务（如连续7天无塑生活），用户完成任务后获得环保积分，可兑换公益奖励。②"垃圾分类大比拼"现场挑战赛：组织家庭、社区居民参与垃圾分类竞赛，在互动中学习环保知识。

（三）跨领域联动

生态环境问题涉及多个行业领域，因此可以通过跨界合作，将环保行动融入不同的社会文化活动中。例如以下具体内容。

1. 体育＋环保

①"绿色马拉松"：赛事组织鼓励跑步选手使用可降解水杯、穿环保材质的运动服，在赛道沿线设立垃圾回收站，宣传低碳运动。②"徒步捡垃圾"活动：参与者在徒步健身过程中捡拾垃圾，既锻炼身体，又保护环境。

2. 科技＋环保

①新能源推广：联合科技公司，推广电动汽车、太阳能发电等环保技术，让公众在体验中了解清洁能源的优势。② AI 生态监测：借助人工智能分析森林覆盖率、空气质量等数据，为环保政策提供科学依据。

3. 农业＋环保

①有机农场体验：开放生态农场，公众可以亲手种植蔬菜，学习可持续农业知识，增强人与自然的联系。②"零碳餐厅"计划：鼓励餐厅使用本地有机食材，降低运输成本，减少食物浪费，提高公众对食品供应链环保问题的认识。

创新的文化活动形式能够让环保行动更具趣味性、互动性和吸引力。通过艺术、科技、体育、农业等多领域的结合，可以让环保理念深入不同社会群体，推动公众参与生态环境保护，使环保行动成为社会文化的一部分。

四、加强跨部门合作

生态环境志愿服务文化建设不仅依赖于志愿者的努力，还需要政府、企业、社会组织等多方力量的协作，形成资源共享、政策支持、共同推动的良好局面。要充分发挥宣传、教育、文化、城建、园林等部门和共青团、妇联作用，充分与企业社会责任履行、环保设施开放、生态环境志愿服务、环保社会组织等当地优质生态环境宣教资源进行整合，形成合力，积极开展生态环境宣传教育活动。

（一）政府支持

政府作为生态环境保护的主导力量，能够通过政策、资金、立法等方式，支持志愿服务文化的建设。

1. 政策支持

首先，匹配顶层设计。围绕各地生态环境保护核心工作，结合美丽中国建设的主要目标和重点任务，研究制定生态环境志愿服务清单来更好地匹配和提升服务质效。其次，应健全制度保障体系，强化志愿者权益保护与激励机制。例如，将"时间银行"、积分互认及信用记录制度，与全国志愿服务平台注册系统对接。

2. 立法保障

推动出台《生态环境志愿服务管理办法》或相关规范性文件，细化志愿者权利义务与保障机制。明确志愿者的权利义务，保障生态环境志愿服务活动的合法性。推动企业承担更多环保责任，发挥碳排放权交易与绿色金融作用。鼓励企业建立"碳中和＋志愿服务"双轨行动体系，通过碳减排抵消项目参与生态环境志愿行动，形成社会责任闭环。

（二）企业参与

企业在生态环境志愿服务文化建设中扮演重要角色，其资金支持和技术创新可以推动环保志愿服务的发展。

推动企业减少碳足迹，鼓励企业在生产过程中使用可再生能源，减少污染排放。推广可持续产品，如生物降解包装、环保纺织品等。设立公司环保日，企业定期组织员工参加志愿环保活动，如自然体验营、清理海滩等。企业承诺减少碳排放，并通过生态环境志愿服务项目抵消自身碳足迹。

（三）社会组织协作

社会组织在生态环境志愿服务文化建设中发挥桥梁作用，连接政府、企业与公众，推动环保行动的落地。主要联合地方环保组织，设立社区环保联盟，共同推广可持续生活方式。针对规模较大的志愿服务项目，可加强国际环保组织合作，与世界自然基金会（WWF）、绿色和平等组织合作，引入全球最佳环保实践。

通过政府、企业、社会组织的跨部门合作，可以整合资源，推动环保文化的长期发展。只有各方共同努力，才能真正建立可持续的生态环境志愿服务体系。

第八章

生态环境志愿服务阵地建设

生态环境志愿服务阵地作为生态文明建设进程中的重要实践平台，是推进新时代生态环境志愿服务、建设生态文明的重要举措。《关于推动生态环境志愿服务发展的指导意见》中提出"整合现有基层公共服务平台资源，紧密依托新时代文明实践中心，充分发挥生态文明教育场馆、对外开放设施、研学实践基地、生态环境宣传教育基地、生态环境科普基地、自然保护地、志愿服务站点及各种公共文化设施的作用，为生态环境志愿服务提供场所和便利条件"。《"美丽中国，志愿有我"生态环境志愿服务实施方案（2025—2027年）》在"加强生态环境志愿服务阵地建设"部分明确提出了发布场地资源名录、开展合作共建、推进数字化建设三项任务。生态环境志愿服务阵地建设需在完善标准、提升效能、品牌化引领、数字技术融合等方面实现突破，推动阵地建设从"有形覆盖"迈向"有效治理"。

本章主要从生态环境志愿服务阵地建设概述和路径两个方面系统分析生态环境志愿服务阵地建设与发展的有关内容。

| 第一节 | 生态环境志愿服务阵地建设概述 |

一、生态环境志愿服务阵地的内涵

阵地，通常是指开展活动的基础或平台。生态环境志愿服务阵地，是指利用一些开放的、便于群众参与和互动的、具有服务和引领功能的固定场所，用于提升公众生态文明素养，参与建设美好生活环境、维护良好生态环境、推进生态文明建设的平台。生态环境志愿服务阵地具有多元化的特点，涵盖了各类公众生态环境教育基地、文化设施以及网络空间等多个方面。这些阵地相互补充、相互促进，共同构成了生态环境志愿服务阵地的广阔舞台。

生态环境志愿服务阵地是生态文明建设进程中形成的新型社会参与载体，其内涵主要涵盖平台建设、支撑体系、运行特征三个维度。

（一）生态文明建设与社会治理的融合平台

首先，生态环境志愿服务阵地承担着习近平生态文明思想传播的重要功能，可以依托遍布基层的新时代生态文明实践中心、党群服务中心，搭建环保知识普及、生态价值观培育的常态化教育平台；其次，作为环境治理的基层触角，可通过自然保护区、社区环保工作站、生态监测哨点等实体空间，将阵地延伸至广大乡村、社区等基层；最后，通过整合政府、企业、社会组织资源形成跨界合作网络，实现环境治理主体从单一行政主导向社会协同的转变。它们共同构成生态文明建设的社会化场所与平台，推动环境治理从技术修复向源头防控、末端治理向全民参与的模式转变。

（二）四大要素构成了多维立体化支撑体系

生态环境志愿服务阵地建设主要包括四个相互关联的要素，它们共同构成了多维立体化支撑体系。

（1）实体空间网络：形成"中心阵地 + 服务站点"的空间布局，以县（区）级生态环境志愿服务阵地为枢纽，延伸建立社区环保小屋、生态环境教育基地、流域保护站等基层服务点，实现城乡服务网络全覆盖。如秦岭生态保护实践中建立的山区工作站与社区宣传点联动体系，有效提升服务可及性。

（2）组织运行体系：构建"专业机构 + 志愿团队"的双轨运行架构。生态环境部门与志愿服务专家负责项目设计、培训督导，志愿者协会、高校社团等实施具体服务，形成专业化引领与大众化参与的良性互动。这种架构既能保障生态环境质量监测、社会监督等技术性服务品质，又可扩大环保宣传等普惠性活动覆盖面。

（3）服务内容矩阵：涵盖环境治理全链条的五大服务模块：①污染防治类（垃圾分类督导、河道清理等）；②生态修复类（植树造林、湿地保护等）；③教育传播类（环保课堂、生态展览等）；④监督维权类（污染线索举报、环境法规宣传等）；⑤合作交流类（跨境生态项目协作等）。

（4）保障支持机制：包括数字化管理平台、法律政策配套、激励回馈体系三个支柱。移动端志愿服务管理系统实现项目发布、时长记录、需求匹配等功能；《志愿服务条例》《中华人民共和国环境保护法》等构成制度保障；积分兑换、荣誉表彰等激励机制提升参与持续性。

（三）专业化与社会化相结合的运行特征

其一，生态环境志愿服务阵地建设在服务能力建设上，坚持专业性与普及性相结合。生态环境监测、跨区域合作项目等需环保专家指导，而基础性环境整治通过标准化培训实现大众参与，如水质测试、生物多样性调查等。其二，在资源整合方面，建立"政府购买＋企业赞助＋基金会支持"的多元筹资模式，确保阵地运营可持续性。其三，在效能评估上，形成"过程量化＋成效质化"的双重评价体系，既统计志愿服务时长、垃圾清理量等硬指标，又通过社区环境满意度调查评估效能成效。

二、生态环境志愿服务阵地的功能定位

生态环境志愿服务阵地具有以下四个方面的功能定位。

（一）宣讲平台

《关于推动生态环境志愿服务发展的指导意见》明确将习近平生态文明思想理论宣讲作为首要任务。建立生态环境志愿服务阵地的主要目的是，以群众喜闻乐见的方式将百姓关心的生态环境问题与习近平生态文明思想有机结合，通过理论宣讲更好地凝聚群众、宣传群众、服务群众、引导群众，从而确保政策执行与群众需求精准对接，引导全社会树立生态文明价值观念和行为准则，让习近平生态文明思想更加深入人心。阵地建设强调党建引领的核心作用，通过党员干部带头参与强化组织效能。

（二）服务中心

生态环境志愿服务阵地功能，涵盖了宣传教育、实践参与、监督、能力建设（培训交流）、志愿服务队伍组织管理等多维度服务。郑州市设立疣鼻天鹅保护基地，既提供生物多样性保护场所，也承担着科普宣传教育等职能；浙江省宁波市通过将鄞州

生态文明体验中心打造为"志愿者之家"为生态环境志愿者提供培训、交流等服务，形成"理论 + 实践"融合阵地。这种多维度的服务，不仅传播生态知识，还培育公众环境责任意识，为生态文明建设凝聚可持续的群众基础和行动力量。

（三）教育课堂

作为生态素养培育载体，城乡阵地可以依托生态环境教育基地、环保体验馆等物理空间，通过构建"场景化 + 分众化"教育体系，将生态知识转化为可感知、可参与的实践课堂。城市社区通过打造"生态微展厅"，运用 VR 技术模拟碳足迹追踪，使居民直观理解低碳生活；农村可以利用田间地头设立"流动生态阵地"，通过秸秆艺术创作、湿地观鸟等活动，将生态保护知识融入生产生活。

（四）治理枢纽

生态环境志愿服务阵地的"治理枢纽"功能，体现在其作为多元共治的连接器与问题化解的加速器双重价值。通过搭建"政府—社会—市场—公众"协同平台，形成"需求发现—资源调度—行动响应"治理模式，有效破解环境治理碎片化难题。河南省运用"互联网 + 志愿服务"平台，整合环保专家、社区志愿者和监测设备，这种资源集成模式使服务效率大大提升，推动形成"政府主导—专业支撑—全民参与"的治理闭环。

三、生态环境志愿服务阵地建设的重要意义

（一）构建生态文明实践体系的核心支撑

生态环境志愿服务阵地建设是推动生态文明理念转化为全民行动的重要载体。作为连接政府治理与公众参与的桥梁，阵地建设通过组织化、规范化的服务网络，将分散的社会力量凝聚成系统化的生态环境保护合力。例如，郑州市疣鼻天鹅保护项目，围绕疣鼻天鹅种群因栖息地破坏、水体污染等问题存活率降至 63% 的现状，建立全国首个城市湿地生物多样性保护专项志愿服务站，通过制度性嵌入、资源性聚合、技术性赋能、文化性渗透等精准施策，首创"生态保护反哺社区"模式，将志愿服务积分与社区物业费减免挂钩，居民参与率明显上升。这种阵地化的运作模式，不仅强化了生态保护的制度性保障，还通过持续的活动开展形成"人人参与、共建共享"的良性循环。[1]

---

① 陈辰 . 贾鲁河疣鼻天鹅繁殖保护地在河南郑州正式成立 [EB/OL]. （2022-08-23）[2025-04-15]. http://z.cbcgdf.org/nd.jsp?id=505&groupId=30.

（二）培育提升公民生态素养的精神家园

　　志愿服务阵地通过场景化、沉浸式的教育方式，将生态价值观植入公众日常生活。宁夏生态环境展示馆作为全国首批"大思政课"实践教学基地，通过180批次6.3万人的参观活动，使参与者直观感受生态保护的紧迫性。这种阵地化教育模式突破了传统宣传的单向灌输，通过"环保进万家""跳蚤市场"等互动活动，帮助公众建立"知行合一"的环保习惯。研究表明，参与过阵地志愿服务的人群中，82%会主动减少一次性用品使用，说明阵地建设对环境友好型、负责任的环境行为转化具有显著作用。[①]

[①] 志愿服务｜持续开展生态环境志愿服务实践活动　为打造绿色生态宝地汇聚力量 [EB/OL].（2023-08-10）[2025-03-31]. https://mp.weixin.qq.com/s/wpY0AfJKWC1rIIqf4YGdxA.

（三）推动绿色发展战略落地的实践平台

阵地建设为"双碳"目标实现提供了社会化实施路径。内蒙古构建的四级志愿服务体系，围绕风、光、电基地开展生态修复志愿活动，既保护了草原生态，又助力了新能源产业发展。此类阵地化运作将志愿服务与区域经济发展紧密结合，实现了生物多样性保护与生态旅游经济的双赢。这种"保护—发展"协同模式，验证了阵地建设对绿色产业培育的催化作用。

（四）强化基层治理能力的创新路径

在社区层面，志愿服务阵地建设直接作用于基层环境治理效能的提升。通过整合社区资源、搭建多方协作平台，阵地建设能够精准解决居民身边的突出环境问题。湖南省通过"绿色卫士环保公益小额资助项目"支持社会组织与高校社团合作，推动垃圾分类、生态修复等实践落地。此类阵地化服务模式，既弥补了行政管理的盲区，又通过居民自治实现了环境问题的源头治理。数据显示，截至 2024 年，全国注册生态环境保护志愿者已突破 3500 万，显示出阵地建设对动员社会力量的显著成效[①]。

（五）提供全球环境治理的中国方案

我国生态环境志愿服务阵地建设为全球提供了"政府引导＋社会参与"的创新范式。生态环境部推动的"美丽中国，我是行动者"系列活动，通过 9 部门联合部署形成政策合力，其经验已被联合国环境规划署列为典型案例。这种阵地化建设模式，既彰显了党对生态文明建设的领导力——如通过党员干部带头参与志愿服务提升组织效能，又通过制度创新破解了环保社会组织发展困境。

生态环境志愿服务阵地建设作为生态文明制度创新的重要举措，其意义已超越传统环保范畴，成为国家治理体系和治理能力现代化的有机组成部分。阵地化、专业化、社会化的三维建构，不仅有效破解了"政府热、社会冷"的环保困局，更培育出具有中国特色的生态环境公民社会。未来需进一步强化阵地建设的标准化、品牌化，如建立星级志愿服务站点评定体系，促进释放更大的社会治理效能。

---

① 封面故事 | 生态环境志愿服务发展现状及对策建议 [EB/OL].（2024-11-22）[2025-03-31]. https://mp.weixin. qq.com/s/LZblOcbwRSR7D_b9nNr9tA.

四、生态环境志愿服务阵地主要类型

（一）社区生活型阵地

1. 主要形式

社区生活型生态环境志愿服务阵地以基层社区公共场所为依托，面向居民日常生活，推动环保理念社区化。主要包括五类载体：一是党群服务中心，通过党建引领整合辖区资源；二是新时代文明实践中心（所、站），构建覆盖全域的理论宣讲与实践活动平台；三是社工站，运用专业方法策划生态环境保护项目；四是社区居委会，发挥属地管理优势组织居民自治。

2. 基本特征

该类阵地具有三个方面显著特征：①社会性与自治性相统一，既强化党组织核心作用，又激发群众自治活力；②专业性与普及性相结合，既包含社工专业力量的技术支撑，又提供大众化参与渠道；③常态化与创新性相协调，既建立日常服务机制，又适应时代需求开发新型项目。

3. 主要功能

社区生活型生态环境志愿服务阵地具有三个方面的功能：①基础服务：开展绿化管护、废旧物品循环利用等基础性环保服务。②教育传播：通过专题讲座、手工制作坊、实践基地提升居民生态文明素养。③协同治理：搭建政府部门、社会组织、市场主体共建共治平台，推动社区环境问题系统化解决。此类阵地通过空间载体重构、服务要素重组，有效激活社区生态环境治理的"最后一公里"。

（二）自然保护型阵地

1. 主要形式

自然保护型生态环境志愿服务阵地以生态系统保护为核心，主要依托以下四类载体：①国家公园：作为最高等级保护地，承担旗舰物种栖息地保护与生态监测任务，如大熊猫国家公园整合多类保护区实施系统化管理。②自然保护区：划分为核心保护区和一般控制区进行分级管控，既严格保护典型生态系统，又开展科研与科普活动，如鼎湖山保护区保存了完整的季风常绿阔叶林生态系统。③自然公园体系：包括森林公园（如张家界国家森林公园）、地质公园（如石林世界地质公园）、湿地公园（如西溪国家湿地公园）等，平衡生态保护与科普休闲功能。④生态环境教育营地：依托所在地森林、草原、湿地、荒漠、湖泊、野生动植物集中分布区等自然生态资源及其他周边文化、科技、体育等资源，在保护的前提下，为开展教育活动提供场地支持、

专业人才力量支持、教材及课程内容支持等特色服务的专题类和综合类场所 ①。

2. 基本特征

该类阵地具有三个方面显著特征：①专业性与系统性，依托生态学理论划分功能区，实施分区精准管控；②注重体验与多元性，发挥自然生态环境的作用，联动科研教育机构、环保组织、社区居民形成实践教育体验体系；③科技支撑与创新性，运用卫星遥感、无人机巡查等技术强化监管效能，开发生态旅游等新型服务模式。

3. 主要功能

自然保护型生态环境志愿服务阵地具有四个方面的功能：①生态保护核心功能：维护生物多样性，修复退化生态系统，制止盗猎、违规开发等破坏行为。②科研支持功能：为物种研究、生态监测提供基础数据与实验场地，推动保护技术创新。③教育传播功能：通过解说系统、生态环境教育基地等载体普及生态知识，培育公众环保意识。④可持续发展功能：在实验区开展生态友好型产业探索，促进保护与民生协同发展。此类阵地通过科学管理与志愿服务深度融合，成为生物多样性保护的关键支撑。

（三）产业协同型阵地

1. 主要形式

产业协同型生态环境志愿服务阵地以产业链绿色转型为导向，主要包含以下三类组织形式：①工业园区环保服务站点：依托循环经济产业园、生态工业园等载体，组织志愿者参与清洁生产审核、污染治理技术推广等服务，推动企业间资源循环利用。②企业绿色联盟志愿团队：由龙头企业牵头组建跨行业志愿组织，开展碳排放核算指导、绿色供应链建设等产业协同行动，如新能源企业与制造企业联合实施碳足迹管理。③农业合作社生态互助组：在生态农业示范区建立志愿服务队，推广有机种植技术、农药减量使用等实践，促进农业生产与生态保护的深度融合。

2. 基本特征

该阵地具有三大核心特征：①跨界整合性：打破行业壁垒，实现工业、农业、服务业等多领域资源协同。②技术驱动性：依托企业研发力量提供专业化服务，如污染物处理技术应用、清洁能源设备维护等。③效益双重性：既保障生态保护目标达成，又通过绿色技改、资源节约帮助企业降本增效。

---

① 全国第四届关注森林活动组织委员会.国家青少年自然教育绿色营地认定和评估办法 [Z]. 2021.

3. 主要功能

产业协同型生态环境志愿服务阵地的功能涵盖三个维度：①绿色生产促进功能：通过志愿帮扶推动企业实施清洁生产改造，建立环境管理体系认证辅导机制。②产业生态链构建功能：搭建废物资源化对接平台，促进上下游企业形成循环经济合作网络。③监督服务融合功能：组织志愿者参与工业园区环境巡查，既协助发现违规排放问题，又提供整改技术方案。此类阵地通过产业链条嵌入志愿服务，成为经济高质量发展与生态环境高水平保护的协同枢纽。

（四）科教传播型阵地

1. 主要形式

科教传播型生态环境志愿服务阵地以知识传递与意识培育为核心，主要包含以下五种形式：①生态文明教育中心：依托新时代文明实践中心打造互动式展馆，运用VR技术、生态沙盘等展示当地主要的生态系统及运行规律。②青少年环境教育实践基地：如齐鲁生态环保小卫士项目建立的自然观察站、水质检测实验室，通过"观察—实验—反思"模式培养青少年生态认知能力。③社区科普驿站：在居民区设置生态文化长廊、环保手工坊等空间，开展垃圾分类微课堂、旧物改造工作坊等生活化科普活动。④校园宣教基地：通过生态社团、主题黑板报、碳中和校园创建等项目，构建浸润式教育场景。⑤线上科普平台：如"宁波生态环境"通过慢直播等方式，吸引公众关注生态环境。

2. 基本特征

该阵地具有三大显著特点：①教育性与趣味性融合：通过生态剧场、环保游戏等寓教于乐的形式提升参与度，如端午节结合粽叶回收开展劳动实践课程。②服务对象精准分层：针对学龄前儿童设计自然绘本阅读，为中小学生开发生态课题研究指南，实现全年龄段覆盖。③传播方式立体多元：融合线下体验空间与线上直播课堂，构建"实体展陈＋云端互动"双轨传播体系。

3. 主要功能

科教传播型生态环境志愿服务阵地具有四个方面的功能：①知识普及功能：系统传播碳中和、生物多样性保护等科学知识，提升公众环境认知水平。②实践能力培养功能：通过水质检测、废旧物料再利用等实操项目强化生态环境技能。③价值观塑造功能：在新能源利用、低碳生活打卡等行动中培育生态文明价值观。④资源整合功能：联动学校、科研机构、企业等各方力量，形成教育联盟，如环保设施开放单位为

中小学生提供实地研学资源。此类阵地将科学传播与志愿服务深度融合，成为推动生态文明理念落地的重要平台。

（五）应急响应型阵地

1. 主要形式

应急响应型生态环境志愿服务阵地以突发事件生态处置为核心，主要包含以下三类形式：①污染事故应急突击队：针对化工泄漏、油污入河等突发污染事件组建专业化团队，配备便携式检测设备与应急物资，开展污染物拦截、现场处置与生态损害评估。②环境监测预警网络：依托网格化志愿者队伍构建动态监测体系，通过无人机巡河、水质快速检测等手段实现污染源及时发现与预警上报。③灾后生态恢复志愿组：在洪涝、山火等自然灾害发生后组织志愿者参与受损植被修复、动物救助及栖息地重建，如长江流域洪灾后的湿地生态系统修复工程。

2. 基本特征

①快速响应性：建立 24 小时轮值机制与分级响应预案，确保 1 小时内到达核心污染区实施初步处置。②专业协同性：整合环境工程师、生物学家等专业志愿者，形成"现场处置＋技术指导"的复合型服务架构。③平战结合性：平时开展应急演练与技能培训，战时快速转换为实战单元，实现常态储备与应急处置无缝衔接。

3. 主要功能

①污染控制功能：通过物理拦截、化学中和等技术手段遏制污染物扩散，降低生态环境损害程度。②信息支撑功能：实时采集现场数据并建立动态数据库，为政府决策提供污染扩散模型与处置建议。③协同恢复功能：联合科研机构制定生态修复方案，组织志愿者实施土壤改良、生物多样性恢复等工程。此类阵地通过专业化、机动化的服务模式，成为应对突发环境事件的生态安全屏障。

（六）数字赋能型阵地

1. 主要形式

数字赋能型生态环境志愿服务阵地以智能技术驱动生态治理为核心，主要包括以下四类形式：①生态环境云服务平台：依托大数据分析技术整合污染源、气象等多维度数据，构建可视化环境监测系统，如"绿色江河"小程序实现污染预警与志愿服务需求智能匹配。②智能监测志愿网络：部署物联网传感器与无人机巡检系统，组织志愿者参与空气质量网格化监测、河道水质动态追踪、海洋垃圾点位识别等任务，形成全域覆盖的数字化监测体系。③虚拟实践教育基地：运用 VR 技术构建生态修复模拟场景，开展湿地保护虚拟实训、碳中和工厂数字孪生体验等沉浸式教育活动。④区块链公益认证平台：建立志愿服务时长与碳减排量的分布式记账系统，实现环保行为数据可追溯、可兑换奖励的激励闭环。

2. 基本特征

①技术集成性：融合 5G、AI、数字孪生等技术构建智慧治理中枢，实现生态环境数据实时采集与智能分析。②服务精准性：通过算法模型精准识别污染高发区域，动态匹配志愿者技能与治理需求。③资源整合性：打通政府监测网络、企业环保设施与公众参与渠道，形成多方协同的数字化治理生态。

3. 主要功能

①智能监管功能：运用卫星遥感与地面传感设备联动，实时识别非法排污、生态破坏等行为并生成处置预案。②公众参与功能：开发"环保积分"App 实现随手拍举报、低碳行为记录等全民参与功能，日均处理环境问题线索超万条。③决策支持功能：基于历史数据构建生态环境预测模型，为区域生态修复工程提供量化评估与方案优化建议。此类阵地通过数字技术重构环境治理流程，成为提升生态服务效能的关键支撑。

第二节　生态环境志愿服务阵地建设路径

一、强化顶层设计，构建制度保障体系

（一）政策协同机制

将生态环境志愿服务阵地建设纳入生态文明建设总体布局，构建"中央统筹—地方细化—基层落实"的三级政策体系，建立省、市、县三级党政联席议事制度，推动《关于推动生态环境志愿服务发展的指导意见》与《"美丽中国，志愿有我"生态环境志愿服务实施方案（2025—2027 年）》协同落地，研制出台"生态环境志愿服务阵地建设标准"，明确阵地功能配置、队伍管理、服务流程等技术规范，为全国服务站点提供统一建设指南。

（二）资金保障创新

设立志愿服务专项基金，整合财政拨款、社会捐赠、碳汇收益等多元化资金来源。例如，东营市建立覆盖项目谋划、推进服务、完工奖补的全流程资金支持体系，确保阵地建设落地见效、可持续发展。

（三）健全考核激励机制

将阵地建设纳入生态文明建设考核体系，建立"服务时长积分—信用评价—政策优惠"联动机制。以上海为例，《环保志愿服务管理办法》将服务时长与信用评价、公共服务优惠挂钩，使环保行为"有价有市"。浙江、广东等地也推出类似政策，有效破解了志愿服务"一阵风"难题，推动形成人人参与、人人受益的新格局。

二、优化阵地布局，适应生态文明战略需求

生态环境志愿服务阵地建设布局需实现空间覆盖精准化、功能定位差异化、服务对象分层化，形成"全域覆盖＋重点突破"的格局。

（一）空间网格化布局

根据生态功能区划与污染治理需求，建立"市级枢纽—县级基地—乡镇站点—村级驿站"四级网络。保山市通过"撤销低效点位、合并重复功能、改扩建核心阵地"优化教育资源配置，该经验可应用于生态环境服务站点建设。

（二）异化功能配置

在生态敏感区（如水源地、自然保护区）侧重科普宣教与巡护监督；在工业园区推动企业环保志愿服务站建设，嵌入环境风险排查、清洁生产指导等功能。

（三）动态调整机制

运用大数据监测人口流动、环境质量等指标，建立"人口—生态—服务"动态匹配模型。例如，教育领域通过学龄人口热力图调整学校布局，生态环境领域可据此优化志愿服务站点密度与服务内容。

三、融合社会资源，跨领域协同共建

通过建立资源共享机制，可以有效整合各类资源，提升志愿服务的效率和效果。跨领域协同共建的核心在于建立资源互通平台，实现信息、物资、技术的共享。

（一）政社企校联动机制

建立生态环境部门与社会工作机构、环保企业、高校的协同平台。通过"政企联动"整合行业协会力量，形成政策保障、技术支撑、人才输送的立体网络。在社区内设立固定的生态环境志愿服务站点，如口袋公园、文化中心等，可以为居民提供便捷的志愿服务参与渠道。这些固定站点不仅可以作为志愿服务的活动场所，还可以作为生态环境宣传教育的阵地。

（二）设施共享模式

在社区内，往往存在一些未被充分利用的资源，如闲置的公共空间、废弃的设施等。通过生态环境志愿服务，可以激活这些"沉睡资源"，将其改造为生态环境志愿服务的阵地，如将闲置的公共空间改造为社区花园，将废弃的设施改造为环保宣传栏等。

（三）数字赋能整合

开发志愿服务信息化平台，集成项目发布、资源调度、成效评估等功能。志愿者可以通过平台了解最新的志愿服务项目、活动安排、资源需求等信息，从而更好地参与志愿服务。同时，平台还可以提供志愿者的服务记录、积分统计等功能，激励志愿者长期参与。

四、深耕基层治理，构建多维服务功能

生态环境志愿服务阵地要结合基层治理的现实需求，实现从单一活动向系统服务的跃升，需构建覆盖日常治理、专项攻坚、应急响应的立体化功能体系，形成全周期、多层次的生态环境志愿服务网络。

（一）生态文明建设的专业化赋能

生态环境志愿服务阵地的重要功能之一，是通过阵地建设将专业力量与公众参与有机融合，推动生态治理从政府主导向多元共治转型。因此，建立"专家智库+志愿团队"协作机制，在生态文明建设维度，需要聚焦生态环境治理效能提升，通过科技赋能与专业协同破解环境治理难题，推动阵地建设治理模式创新。例如，江苏扬州建立的"民间河长工作站"，通过志愿者日常监测形成污染源数据库，为政府治污决策提供数据支撑，使河道治理响应效率明显提升。

（二）基层社会治理的协同化整合

生态环境志愿服务阵地是基层治理资源整合平台，需要构建"政府引导—社区落地—全民参与"的共治网络。通过联动物业、业委会、社会组织组建生态治理联盟，以"居民点单—阵地派单—志愿接单"模式，解决垃圾分类设施改造、绿化带维护等民生问题。例如，江苏扬州创新"生态积分银行"机制，居民参与阵地环保活动可兑换社区服务，激活 5.6 万户家庭成为"绿色治理细胞"。这种嵌入式服务模式将生态环境治理转化为基层自治的内生动力。在社会治理层面，阵地成为培育生态公民的"孵化器"。

（三）价值观培育的沉浸化传播

生态环境志愿服务阵地需构建生态文明价值观的立体传播体系。敦煌阳关自然保

护区打造"生态文化长廊",通过沙漠植树体验、壁画生态智慧讲解等场景化活动,年均传播受众超 50 万人次。杭州西溪湿地开发"跟着诗词护生态"研学路线,将传统文化与生态保护结合,青少年参与度显著提升[1]。这种"体验—认知—践行"的文化浸润兼具递进式教育,将有效地推动生态价值从理念认同转化为行动自觉,比传统宣传方式更具持久影响力。

五、城乡均衡覆盖,推动一体化联动

(一)政策导向

生态环境志愿服务的发展需要实现城乡均衡覆盖,特别是在农村及偏远地区,志愿服务的覆盖率和质量往往存在较大差距。为此,在政策导向、资源倾斜、流动服务等方面向农村及偏远地区延伸势必起到关键作用。

1. 政策支持

政府应出台一系列政策文件,明确要求推动志愿服务向农村及偏远地区延伸。加强对农村及偏远地区生态环境志愿服务的支持,通过政策引导和资源倾斜,提升这些地区的志愿服务水平。

2. 资源倾斜

在政策的支持下,政府和社会各界要加大对农村及偏远地区生态环境志愿服务的资源投入。例如,通过设立专项资金、提供物资支持、派遣专业志愿者等方式,提升这些地区的志愿服务能力。

3. 数字技术应用

通过"数字技术 + 流动站点"的模式,弥补农村及偏远地区志愿服务覆盖的短板。例如,利用互联网和移动通信技术,建立数字化志愿服务平台,实现志愿服务的线上对接和资源调配,提升志愿服务的覆盖率和效率。

(二)实践路径

在政策的导向下,推动生态环境志愿服务向农村及偏远地区延伸的具体实践路径包括以下几个方面:

---

[1] 【精彩回顾】解锁湿地奥秘 感悟文化力量——杭州市金都天长小学五年级西溪湿地研学活动 [EB/OL].(2023-12-26) [2025-03-18].https://mp.weixin.qq.com/s?__biz=MzA3MzUyNjczOQ==&mid=2651905667&idx=2&sn=8825feda2c47c52ff9fd5662b11a1b10&chksm=85fd3395e741bc5411e34c6a2126d2f36a624d89acb55cdcc6ec08e47e99f97edf6d92624421&scene=27.

1. 建立流动服务站点

在农村及偏远地区，由于人口分散、交通不便，建立固定的志愿服务站点存在一定困难。为此，可以通过建立流动服务站点，定期开展志愿服务活动。例如，利用流动宣传车、流动服务站等形式，定期到农村及偏远地区开展环保宣传、垃圾分类指导等志愿服务活动。

2. 加强志愿者培训

农村及偏远地区的志愿者往往缺乏专业的生态知识和技能，为此，需要加强志愿者的培训。例如，通过线上培训、线下培训、实践培训等多种方式，提升志愿者的专业素养和服务能力，确保志愿服务的质量和效果。

3. 推动城乡志愿服务联动

通过城乡志愿服务联动，可以实现资源的共享和互补。例如，城市志愿者可以定期到农村及偏远地区开展志愿服务活动，提供技术支持和物资支持；农村及偏远地区的志愿者也可以到城市参加培训和交流，提升自身的服务能力。

生态环境志愿服务阵地建设需要以《"美丽中国，志愿有我"生态环境志愿服务实施方案（2025—2027 年）》为指引，通过制度保障、优化布局、整合资源、多维功能、城乡覆盖的立体化路径实现突破。2025—2027 年重点推进"标准化建设攻坚""数字转型深化""品牌项目培育"三大工程，推动阵地从数量扩张向质量提升转型。通过完善党建引领的治理架构、构建智慧化服务体系、激活社会参与活力，形成具有中国特色的生态环境治理创新模式。

第九章

生态环境志愿服务典型案例

依据《"美丽中国，志愿有我"生态环境志愿服务实施方案（2025—2027年）》提出的五大核心任务，本章有针对性地选取了五个具有创新性、实效性和可复制性的典型案例进行深度解析。这些案例涵盖了生态环境志愿服务文化建设、阵地建设、能力建设、项目建设和队伍建设五个重点领域，展示了志愿服务在推动生态环境保护中的多样化实践和成效。希望通过这些典型案例剖析，构建起包含需求对象、目标内容、步骤方法、成效影响等要素的完整分析框架，能够为不同区域因地制宜开展生态环境志愿服务提供具有可操作性的示范借鉴与实践指南。

第一节 ▷ 文创驱动公益——江豚保护的跨界创新实践

长江江豚，天生的"微笑精灵"，是中国特有、长江中仅存的水生哺乳动物，是国家一级保护野生动物，是长江的旗舰物种，也是长江生态环境质量的指示性物种。江豚数量的多少可以反映长江生态系统的好坏。

历代文人墨客以豚写江，记录下无数江豚与长江的文化故事，如"凌波逐浪来江豚""坐看江豚蹴浪花""江豚时出戏，惊波忽荡漾"等。

如何以江豚为纽带，通过文化创意的方式，带动更多社会力量加入长江大保护？湖北省长江生态保护基金会（CCF）在湖北省生态环境厅的指导和支持下，充分发挥社会组织的优势，发起"小豚大爱"公益项目。项目以长江大保护为主题，围绕江豚等旗舰物种保护，通过小额资助的形式带动文化创意发展，构建公众参与长江大保护新平台，共同建设美丽中国。项目以共创、共建、共赢的新模式，累计投入公益资金近千万元，培育和支持长江流域 60 多家社会组织开展了 90 多个江豚影像创作、文创周边开发、科学调研等项目，开展了 1000 多场自然科普教育活动，带动超 50 万名公众参与其中。

一、用文化守护长江微笑，江豚电影和文创产品绽放光彩

可爱的江豚玩偶、手绘明信片、手工挂件、环保袋、绘画……江豚文创产品琳琅满目。2023 年 10 月 24 日，首届"江豚文创公益市集"活动亮相中国江豚湾，来自长江流域的 16 家环保社会组织带来了数百种江豚文创产品，其中大部分来自"小豚大爱"公益项目的支持。

"小豚大爱"公益项目还积极联动公益伙伴，用动漫电影和文创产品等手法，讲述江豚等旗舰物种的故事，以文化守护"微笑"，引导公众认识江豚，关注长江生态系统，参与长江大保护。

在项目的支持下，来自湖北、安徽、北京、湖南、江苏、上海、江西、四川、浙江等地的 60 多家社会组织围绕江豚保护创作了一批江豚文创、动漫系列产品，多地还举办了江豚文创公益市集。在扬州，传统文化与生态保护碰撞出新的火花，古老的非物质文化遗产与江豚元素相融合，雕版印刷、剪纸、漆画、鱼拓等技艺粉墨登场。在武汉，《原乡江豚　绿色长江》壁画成为城市的一道亮丽风景线，既是宣传环保的窗口，也是城市文化的新地标。

项目联合环球数码、江西文演集团、湖口县人民政府、腾讯公益、阿里巴巴"公益宝贝"等，拍摄了江豚纪录片、动画片、宣传片等，在网上的观看量超过 1 亿次。2024 年 1 月 20 日，由长江生态保护基金会提供公益支持的全国首部长江生态主题动漫电影《江豚·风时舞》正式上映，将江豚保护的故事搬上大银幕，触动了亿万观众的心弦。

二、打造系列自然教育品牌，带动超 50 万公众参与

保护江豚离不开科普宣教。项目从自然教育着手，积极构建长江大保护特色自然教育平台，打造"留住长江的微笑"等系列自然教育品牌，引导公众树立正确的自然观。

自 2018 年起，长江生态保护基金会联合公益伙伴共同主办"全民自然课堂"系列公益讲座，至今已连续举办了 8 季。每一季都会邀请来自不同领域的 10 位主讲专家围绕不同主题，开展专题科普讲座。很多孩子在参与中理解了保护江豚乃至保护生态的重要性，成为长江大保护的小小守护者。

从"全民自然课堂"到"约会长江"（社区）、"豚跃鸟飞"（企业），长江生态保护基金会针对不同人群开展了各类自然教育活动 1000 余场，走进了近百所小学、初中和高校，线上、线下带动了超 50 万名公众参与。

项目还邀请学校共建"江豚学校"，开发"我们生活在长江"生态科普系列课程，编辑出版《中华鲟长江旅行日记》《长江江豚和中华鲟手绘课本》等书籍，联合有关部门举办长江大保护全国征文、文创比赛，联合《长江日报》开展长江精灵主题绘画创作等活动，并连续多年在武汉地铁、核心商圈开展江豚影像公益展等活动。

形式多样的自然教育活动，不仅是在传递科学知识，还是在播种关爱自然的种子。

三、凝聚合力，构建公众参与长江大保护的平台

2024 年 5 月 20 日，"小豚大爱"新一批资助项目经过激烈的角逐正式出炉。"多彩江豚——江豚保护进校园""豚跃江心——江豚文创 IP 形象设计及周边创新应用项目""长江之子——江豚移动博物馆""豚声共鸣——关爱特殊群体江豚主题营会"等 16 个公益项目入围，涉及北京、上海、江苏、安徽、湖北等多地的环保公益组织。

"小豚大爱"不仅是一场资金的接力，还是一次理念的传递和能力的提升。"在'小豚大爱'的长期支持和陪伴下，项目形成了江豚保护的公益圈，大家在沟通交流中，互相学习、共同成长。"一位入围公益机构负责人说。

项目通过开展长江伙伴营、工作坊等培训，不断提升伙伴自我成长和造血的能力，

在实现项目健康、可持续发展的同时，进一步凝聚和壮大了长江流域环保社会组织的力量，形成了一张紧密交织的生态保护网络。

以 2023 年开展的"'长江伙伴营'——江豚保护公益组织能力提升计划"为例。这一项目针对江豚保护公益组织发展中遇到的问题，开展了多期线上、线下培训，邀请相关专家围绕环保公益相关政策、法律、制度，环保公益项目的筹款、宣传、谈判，以及社会化参与等多种角度进行了深入浅出的讲解，参加学员达 230 余名。不少公益组织负责人表示，长江伙伴营的课程对自己的启发非常大，获益匪浅。

长江生态保护基金会还联合江西省湖口县设立了长江大保护湖口长江江豚保护公益基金，进一步拓宽合作领域，激发更多社会力量的参与。

本节以上内容来源：
生态环境部：2024 年十佳公众参与案例｜文为媒豚为脉　小资金大热情 [EB/OL].（2024-09-02）[2025-04-18]. https://mp.weixin.qq.com/s/tsv2greTCeF15FpyUn_RYw.

案例分析

"小豚大爱"公益项目是长江生态保护基金会"留住长江的微笑"专题品牌项目之一，致力于通过文化创意与跨界合作推动长江流域江豚保护的科普宣传。项目在 2024 年入选"美丽中国，我是行动者"十佳公众参与案例，充分展现了其在生态保护领域的创新性和社会动员能力。项目通过文化传播、社会教育、跨界合作和多元资金保障，突破了传统环保活动的局限，为生态环境志愿服务的文化建设提供了新思路。

一、文化创意引领的社会动员

"小豚大爱"公益项目的核心创新之一，是通过文化创意推动社会动员，改变传统环保活动的单向宣传模式。项目通过多元化的文化创意策略，使"江豚保护"议题从生态保护扩展至社会文化层面，实现了公众对环保理念的情感认同与行动转化。

通过文创产品的创作，项目成功将江豚从生态保护对象升华为文化符号，唤起了公众对江豚保护的情感认同。例如，手绘明信片通过将古诗词意象与江豚相结合，传递了长江文明的文化记忆和现代生态保护内涵。纪录片《江豚之恋》通过深情叙事将江豚的保护转化为全民共情的纽带，进一步增强了江豚作为文化符号的力量。

项目还通过创新的"江豚保护"市集活动，设置了文创产品展示、公益义卖、手工课程、非遗体验、科普讲座等多个互动区域。这些活动不仅满足了不同年龄层和社会群体的需求，还有效加强了公众对江豚保护的情感认同。通过这些沉浸式、互动式的体验活动，项目提升了公众对长江生态保护重要性的认知，也潜移默化地增强了他们的环保意识和行动自觉性。

二、文化浸润系统的教育养成

"小豚大爱"公益项目通过创新的自然教育体系，实现了从"知识传递"到"行为养成"的转变。项目依托"江豚学校"教育基地，开展生态科普课程，编辑出版相关书籍，为青少年提供了更广泛的学习资源。同时，项目拓展了多元化的教育平台，包括"全民自然课堂"、社区活动、主题征文、绘画比赛及公益影像展览等，为不同群体提供精准化的生态知识普及服务与实践参与机会，确保环保理念的深度传播和行为引导。例如，"约会长江"和"豚跃鸟飞"等活动，让社区居民和企业员工积极参与其中，推动生态保护理念向更广泛的社会群体延伸，进一步增强了公众对长江生态保护的认知和行动力。

这些教育平台和活动以创新形式激发公众关注，使生态保护理念逐步转化为公众的价值共识，有效推动环保意识内化为日常行为，形成更广泛的社会影响力。

三、跨界合作推动的创新实践

"小豚大爱"公益项目在跨界合作方面进行了一系列创新，打破了传统公益活动的单一模式。项目通过建立多元化的"公益合伙人"体系，广泛整合政府、企业、科研机构、社会组织、公益基金会、科普达人及公众等各方资源，形成了一个跨领域的公益生态圈。这种合作模式使各方资源在项目实施、资金配置、平台搭建和信息传播等方面形成了强大的合力，推动了项目的可持续发展。

企业不仅提供资金支持，还在品牌宣传、市场推广等方面为项目提供了战略性帮助。科研机构和公益组织则通过技术支持，为项目实施提供了坚实的理论依

据和实践保障。正是通过这种跨领域、互补性的协同合作，各方资源得到了高效整合，从而实现了利益共赢，推动了项目的可持续发展，进一步扩大了项目的社会影响力和效益。

其中，"科技＋公益"的跨界合作尤为显著。通过与腾讯公益、王者荣耀等企业合作，推出"长江生态数字保护"计划，在数字化平台上引入了公益元素。该计划不仅通过推出定制皮肤"阿古朵—江河有灵"增强用户场景体验，还通过"守护长江之灵"的互动任务吸引玩家参与，将虚拟世界的参与转化为对江豚保护的实际捐赠，进一步推动了江豚保护的资金筹集。这一跨界合作的创新模式打破了传统公益活动的局限性，不仅降低了公益参与的门槛，还成功吸引了年轻群体和游戏玩家的关注，增强了他们的公益参与度。通过这种形式，公益活动不仅跨越了时空限制，也让环保议题在虚拟空间和日常生活中得到了广泛传播。

四、多元资金保障的可持续发展

不同于传统公益项目的单一资金来源，"小豚大爱"公益项目通过创新的公益创投模式实现了资金渠道的多元化。项目的资金来源包括长江生态保护基金会资助、社会组织自筹资金、平台配捐等多个部分，这种创新的公益创投模式不仅有效减少了单一资助来源带来的风险，还确保了资金的稳定流动，并大大提升了公众的参与度和项目的社会动员能力。

特别是在资金管理上，项目采用了"保障性资助"与"竞争性资助"相结合的匹配机制，确保了资助的公平性和合理性。这一机制不仅保证了资助的高效利用，还激励了各方积极参与自主筹资，提升了社会组织的自我发展能力。与此同时，项目还通过公募筹款和互联网捐赠等方式，借助"99公益节"等关键节点，吸引了大量公众的捐赠支持。通过这种多元化资金整合方式，项目保证了财务的灵活性和资金的长期稳定流动，进一步确保了项目的可持续发展。

五、能力提升助力的项目长效

除了资金支持，项目还注重提升参与方的内在能力建设。"小豚大爱"公益项目通过定期开展传播、筹款、路演及财务等专业培训，强化了志愿者在环保公益法律法规、宣传教育以及项目筹款等方面的专业素养。

这些培训不仅提升了志愿者的能力和信心，还有效减少了项目运营成本，实现了志愿者与项目的双赢。此外，项目整合企业资源与行业交流渠道，创造实践锻炼、交流学习和成长发展的机会，进一步激发志愿者的责任感与归属感，促使他们持续投身于长江保护行动。这种能力建设的方式，不仅为项目的顺利推进提供了保障，也为项目的长期发展奠定了坚实的社会支持基础。

"小豚大爱"公益项目通过文化创意和跨界合作，成功将长江江豚保护与公众参与相结合，推动了环保理念的广泛传播。项目通过多层次的社会动员和教育实践，不仅提高了社会对江豚保护的认知，还激发了公众的环保行动。这一模式为生态环境志愿服务提供了有力的借鉴，证明了文化建设在推动生态保护中的关键作用，并为未来生态环境项目的发展提供了可持续发展的路径。

第二节　"海"好有你——阵地建设与公众动员实践

2025 年 2 月，在广西壮族自治区北海市北部湾广场的巨幅 LED 屏亮起，涠洲岛海域的布氏鲸群在晚霞中跃动。

近年来，北部湾近岸海域长期保持一类水质，被誉为我国大陆岸线最后一片"洁海"。为了守护这片"洁海"，广西海洋环境监测中心站在 2021 年发起"守护北部湾'海'好有你"科普行动。

4 年来，这项科普行动科学回答了公众关心的布氏鲸"什么时候来""为什么来"等热点问题，广泛动员社会各界参与海洋生态环境保护，入选由生态环境部、中共中央社会工作部组织评选的 2024 年"美丽中国，我是行动者"十佳公众参与案例。

一、从"追鲸人"到"讲解员"：一次社会热点的科普盛宴

布氏鲸是世界上最神秘的须鲸之一，被列入我国一级重点保护野生动物。20 世纪 80 年代之后，我国大陆沿海几乎没有出现过鲸类频繁活动的记录。2018 年，北海市正式宣布涠洲岛海域发现一个新的布氏鲸种群，涠洲岛海域成为目前我国近海唯一能稳定观测到布氏鲸的海域。

为了科学回答公众关心的热点问题，广西连续多年开展布氏鲸种群监测和栖息地

调查。而广西海洋环境监测中心站高级工程师庞碧剑，便是其中一名资深的"追鲸人"。

"几年前，我们开始在涠洲岛和斜阳岛之间布氏鲸活跃的海域，布设了10多个监测点位，每年的春、夏、秋、冬监测它们的种群和栖息地环境。但想观测到布氏鲸并非易事，有时我们在海上'漂'了一天都一无所获。"庞碧剑向记者说起"追鲸"经历时，直叹"老朋友"的神秘。

"目前，在涠洲岛附近海域识别的布氏鲸个体已经超过60头。而相关科学监测数据，可以支撑我们把这个神奇海兽的故事讲述得更加完整。"庞碧剑脸上写满了自信。

在广西海洋生态环境科普教育基地设立布氏鲸科普专题板块，通过图文、实物、视频等展示布氏鲸调查技术、种群习性、栖息地生态环境状况，将公众"请进来"零距离了解布氏鲸及其保护成效；以国际生物多样性日、世界海洋日、全国科普日等为契机，"走出去"深入学校、社区、渔港等开展布氏鲸科普活动；开拓"云上游"布氏鲸科普阵地，组织多部门联合开展跨区域多点大型海洋生态科普网络直播，通过现场访谈相关领域领导和专家，与网友互动，探究珊瑚礁、海草床、红树林等典型海洋生态系统，让观众了解布氏鲸频繁出现在北海涠洲岛海域的原因、广西海洋生物多样性状况和保护现状，全方位展现北部湾海洋生态之美。在一次次由广西海洋环境监测中心站联合相关部门掀起的有关布氏鲸的科普热潮中，庞碧剑和她的同事也悄然从"追鲸人"化身为"科普讲解员"。

2024年3月23日，有38家融媒体平台和账号同步进行了"让'鲸'喜常在"北部湾海洋生态科普融媒体直播，观看量累计超过210万人次，获得网友广泛关注与讨论。

一位网友在看完直播后写下评论："这场直播太震撼了，我第一次知道大广西还有这么可爱的布氏鲸频繁活跃在涠洲岛海域，通过看直播，让我对这个可爱的大家伙有了更系统全面的了解，我们一定要保护好布氏鲸，保护好北部湾。"

"现在，布氏鲸'从哪里来到哪里去'是公众关注的兴趣点之一，对我们来说也依然是未解之谜。"庞碧剑感慨道。

据了解，近期，广西海洋环境监测中心站还计划联合广州地理研究所等合作科研单位，对布氏鲸的行踪进行卫星遥感监测，同时在上级部门指导支持下举办有关布氏鲸的全球性学术研讨会，以期尽快解开这个谜底。

二、从"迷思"到"心灵共振"：一场生态觉醒的启蒙

在部分民众的"迷思"之前，怎样强化公众海洋命运共同体意识，引导社会公众

参与海洋生态环境保护和治理工作，共同守护共同的蓝色家园？

作为一名奋战在海洋环境监测一线已有 17 年的"环保老兵"，广西海洋环境监测中心站站长蓝文陆与同事一直在思考这个问题，并进行了贴合实际的探究："科技创新、科学普及是实现创新发展的两翼，要把科学普及放在与科技创新同等重要的位置。要保护好这片净海，单靠政府部门的力量远远不够，还需要更多人的参与。所以，我们加强科普宣传工作，努力提升公众的海洋环保意识。"

为更好地开展科普宣传工作，广西海洋环境监测中心站积极筹建科普展馆，创建广西海洋生态环境科普教育基地，目前已成为广西乃至全国首个以海洋生态环境监测为主题的科普展馆。

针对青少年，广西海洋环境监测中心站以广西首批科学家精神宣讲团成员（团体）的身份，组织宣讲员走进校园，举办科普讲座、科学实验、标本展示、海洋生物探秘等，重点讲授海洋生态环境知识；针对社区居民和渔民，发放科普宣传手册，讲解环保知识，科普海洋主要污染物的来源以及微塑料的危害，重点是倡导绿色低碳生活理念；针对企业，主要是合作探讨如何深入践行绿水青山就是金山银山的理念，携手推进美丽海湾建设和向海经济高质量发展。

自"守护北部湾 '海'好有你"科普行动开展以来，广西海洋环境监测中心站组织开展了形式多样的科普活动 150 多场，足迹遍布北海、钦州、防城港等城市，带动了 3 万多人参与线下活动，收获了 212 万人次的线上参与。

三、从"种苗"到"森林"：一部全民参与的生态史诗

发展海洋经济，保护海洋生态环境，加快建设海洋强国，离不开青少年的参与，更需要在孩子们心中种下绿色的种子。

近年来，广西海洋环境监测中心站联合北海市第一中学探索推出"海洋生态科普推广使者"培养计划，依托广西海洋生态环境科普教育基地，在寒暑假期间选拔学习能力出众且对科技感兴趣的学生开展科普讲解培训，考核通过后的学生可上岗进行志愿服务。

记者在北海市第一中学校园，见到了该校的两名"海洋生态科普推广使者"——八年级学生郑媛、九年级学生钟云清。谈及最近在广西海洋生态环境监测科普基地的第一次"履职"，她们依然难掩兴奋："海洋知识是跟人息息相关的一个课题，在人生的每个阶段都可以受益。北海这边不少居民的经济来源也主要是海产，所以在学习海洋生态相关的知识后，更加有助于我们综合素质的提高，长大工作后也能帮助到建

设家乡的向海经济。"

据广西海洋环境监测中心站办公室主任李莉梅介绍，2024年12月，广西海洋生态环境科普教育基地、北部湾海洋生态环境广西野外科学观测研究站联合华夏口才，开展了"童声传科普，共护北部湾"海洋生态环境科普小使者培养活动，1000名学员考核合格，成为新一批海洋生态环境科普"种苗"。

2025年，该站还将按照《"美丽中国，志愿有我"生态环境志愿服务实施方案（2025—2027年）》的要求，培养更多的青少年、教师、社会团体成员成为海洋生态环境"志愿者""讲解员""传播者"，构筑起共同致力于北部湾美丽海湾建设的海上"森林"。

正如广西海洋生态环境科普教育基地走廊上陈列的那数十幅海洋生态环境保护主题童画所诠释的生命哲思："大海的眼泪变成珍珠，落在我们掌心。"在广西1628公里的海岸线上，科技与人文共舞，守护与觉醒同行，北部湾的蔚蓝传奇正被书写成全民参与的史诗。

本节以上内容来源：

生态环境部：2024年十佳公众参与案例｜守护北部湾，"海"好有你 [EB/OL].（2024-08-21）[2025-04-18]. https://baijiahao.baidu.com/s?id=1807957160891984651&wfr=spider&for=pc.
韦夏妮，岑国林．守护北部湾　"海"好有你｜美丽中国，我是行动者 [EB/OL].（2025-02-21）[2025-04-18].https://res.cenews.com.cn/h5/news.html?id=1198310.

案例分析

近年来，广西海洋环境监测中心站（以下简称广西海洋站）积极探索海洋生态科普新模式，以阵地建设为核心，统筹推进线下沉浸式科普场馆建设、线上传播渠道拓展、可持续科普推广机制完善，并通过跨部门协作推动社会共建，形成了系统化、多层次的海洋科普体系。该模式不仅填补了海洋生态知识传播的空白，也构建了公众参与海洋保护的长效机制，成为海洋生态环境志愿服务领域阵地建设的典型案例。

一、线下阵地建设：打造沉浸式科普体验

科技创新与科学普及是推动创新发展的两大支柱，广西海洋站在运用技术手段密切观测布氏鲸群的同时，依托自身长期开展的海洋生态环境监测工作，建设了全国首个以海洋生态环境监测为主题的科普展馆。广西海洋站敏锐捕捉到布氏

鲸频繁现身北部湾海域所引发的社会关注，围绕这一现象打造了一系列科普内容，使布氏鲸这一神秘的海洋生物成为连接公众与海洋生态保护的桥梁。

展馆依托广西北部湾典型生态系统拟生展示系统、海洋生物标本馆、海洋生物科普长廊等功能区，打造系统化、可持续的科普教育平台，成为海洋生态科普的线下主阵地与实践平台，为开展互动体验与公众参与奠定基础。广西海洋站通过定期开展公众开放日活动，将公众"请进来"，为他们提供多元化的互动体验。参观者不仅可以观摩生物标本体、观看科普视频，还能参与化学小实验、科普小课堂以及有奖问答等趣味活动。这些活动不仅让公众在轻松愉快的氛围中学习到海洋知识，还通过沉浸式的体验增强了他们对海洋保护的直观感受和深刻理解。

除了"请进来"，广西海洋站还主动"走出去"，深入学校、社区、渔港和企业，针对不同年龄层及职业群体，量身定制科普内容。例如，面向学生群体，重点讲解海洋生物多样性；面向渔民，则侧重海洋环境监测和可持续渔业知识。这种针对性的宣传教育活动有效提升了公众对海洋生态保护的认知和参与意愿。

二、线上科普拓展：打破阵地局限，提升公众互动

广西海洋站充分利用线上平台，构建了多角度、多维度的科普宣传体系，有效突破地域限制，触达了更广泛的受众。通过制作和发布科普视频、布氏鲸科普系列动画、科普漫画等一系列科普宣传品，广西海洋站不断增强科普资源的供给，确保科学知识能够以更生动和易于理解的方式传递给各类群体。此外，围绕广西海洋生物多样性主题，广西海洋站策划了线上海洋生态环境保护科技交流周活动，举办了摄影、微视频比赛及知识有奖问答活动。这些活动不仅为公众提供了了解和参与海洋保护的渠道，还提升了科普活动的趣味性与参与度。

值得一提的是，广西海洋站联合多部门开展了"让'鲸'喜常在"跨区域多点大型海洋生态科普网络直播。直播中，专家与网友实时互动，解答公众关心的热点问题。这种形式不仅制造了社会热点，还通过生动的讲解和互动，增强了科普内容的吸引力，显著提升了公众的参与感。据统计，相关直播活动的观看量突破 210 万人次，取得了良好的社会反响。

三、科普队伍建设：推动公众从"知"到"行"

在"守护北部湾"的科普行动中，科研人员实现了从"追鲸人"到"科普讲解员"的角色转变。这一变化不仅保证了科普内容的科学性和准确性，还拉近了科学与公众的距离。科研人员以浅显易懂的表达方式与公众交流，巧妙化解了科学知识的晦涩难懂，激发了公众对海洋生态的兴趣。

为进一步壮大科普传播队伍，广西海洋站推出了"海洋生态科普推广使者"培养计划。通过考核、选拔和培训机制，培养出众多科普推广小使者，并为其颁发合格证书，提升了他们的荣誉感和责任感。从活动效果来看，评估公益活动的价值不仅要看参与人数，更要关注参与者获得的成就感与成长。这一计划不仅为科普推广使者提供学习知识以及锻炼能力的机会，更重要的是让他们在志愿服务中体验到成就感和价值认同，从而激发他们参与环境保护的内生动力。小使者们用他们的行动和言传身教，影响着身边的同学、朋友和家人，从而形成了广泛的"小手拉大手"模式。这种模式不仅让生态保护的理念在青少年心中扎根，也为未来的生态保护工作储备了力量。

四、多方协同合作：打造共建共享的科普生态

广西海洋站在推动海洋生态环境阵地建设过程中，积极探索和实践跨部门、跨行业合作机制，凝聚了强大的科普力量。这种合作不仅限于科研机构之间，还广泛拓展到高校、政府部门、教育机构等多个层面。例如，与广西大学等高校合作，推动海洋生态科研成果的转化与传播；与地方政府合作，在社区和校园设立海洋科普点；与企业合作，探索绿色生产与环保行动的结合。这种协作模式既为海洋科普工作注入了新动力，也增强了社会各界的环保责任意识，进一步推动了海洋保护工作的社会化发展。

广西海洋站通过构建多层次的科普阵地体系，不仅提升了公众对海洋生态的认知，也推动了社会各界的广泛参与。实践证明，科普阵地建设不仅是知识传播的载体，更是激发公众环保行动的关键支撑。当科普由单向灌输转向沉浸式体验，志愿服务融入社会协同共建体系时，生态保护才能真正走进公众日常，实现可持续发展。广西海洋站的探索为生态环境志愿服务提供了可借鉴的阵地建设模式，也为未来海洋生态保护的社会化动员提供了有力参考。

10 年来，招募志愿者 2000 多人，开展环保实践活动 120 多场，带动参与者超过百万人，这是厦门市湖里区绿水守护者生态环保中心（以下简称"绿水守护者"）的成绩单。

10 年来，以提升公众志愿服务能力为着力点，从探究环境问题、提出解决方案到动员社会力量、从水环境治理到水文化推广，做政府环境治理的"民间助手"和公众参与环保行动的"引路人"，这是"绿水守护者"的角色定位。

作为厦门本土的非营利性民间环保社会组织，"绿水守护者"深耕水生态环境保护公益领域，以厦门大学嘉庚学院环境学院的教师为核心团队，搭建平台，拓宽渠道，动员社会力量，注重志愿服务能力提升，推动解决环境问题，在有效提升公众生态文明意识的同时，探索出了具有鲜明环保社会组织特色的实践途径。

一、以调研河湖污染为重点，培养问题解决能力

"绿水守护者"第一次组织环保活动是在 2014 年 8 月，正是厦门母亲河、福建第二大河流九龙江污染问题最突出的时候。"绿水守护者"与厦门大学嘉庚学院合作组建了由资深环保人、环境专业师生、摄影师、社会公益人士等组成的调研团队。调研人员顶着近 40℃的高温，从九龙江入海口出发，沿北溪流域循江溯源，实地探究九龙江的水污染问题。通过采样检测和实地调查，调研团队撰写了调研报告并提交给有关部门。他们归纳了九龙江的八大生态环境问题，分别是沿江工业污水违规排放，农业面源污染，农村养殖污染，农村生活污水治理不够，农村生活垃圾处置不够，速生经济林大规模种植，小水电站截断水系，外来物种入侵。

从那时起，"绿水守护者"团队连续多年开展九龙江北溪流域水污染调研，共向有关部门提交了 20 多份调研报告及污染治理建议。

"绿水守护者"还与厦门大学嘉庚学院共同建设教学科研实习基地。"绿水守护者"创办人陈彦君被厦门大学嘉庚学院校团委聘为校外实践指导老师。她指导"绿创河小禹"团队连续多年常态化开展巡河护水志愿服务活动，培养科技型志愿者近千人。

自 2016 年起，"绿水守护者"受有关部门委托，连续 6 年开展厦门河湖流域调研、流域环境整治工作评价、饮用水水源地问题整改核查、城市黑臭水体整治效果及公众

评议、农村水环境综合整治状况抽查等工作，累计提交调研报告 100 多份，反映污染点位问题 1800 多个，实际推动解决污染问题 100 多个。

二、以文化活动为推动，提升宣传教育能力

城市的黑臭水体治理难，管护更难。"绿水守护者"认为，河湖长治久清离不开公众的广泛参与，水文化活动就是触达公众的一个有效载体。

2019—2020 年，为推动挂牌督办的厦门黑臭水体新阳主排洪渠的治理与长效管护，"绿水守护者"在厦门市海沧区政府有关部门的支持下，发起和策划了群众性环境文化活动"新阳河流文化节"。文化节设计了文体艺术类、科普宣传类、学术交流类、环境教育类四大板块，以文化活动的形式展现了黑臭水体治理前的不堪、治理管护工作的艰辛、水体治理后的新生和长治久清的愿景。文化节直接参与者近 5000 人次，网络同步关注达 5 万多人，直播观看量超过 108 万次。活动的举办提高了公众对河湖治理工作的宣传教育能力以及维护河湖治理成果的自觉性，产生了显著的社会效益。

三、以节水教育为抓手，培育实践动手能力

"绿水守护者"发现传统的节水工作侧重节水设施设备的建设改造，较少触达公众，于是积极开展有关活动，构建"全民节水行动网络"。在政府有关部门的主导和支持下，"绿水守护者"以节水宣传与节水实践为抓手，面向家庭、学校、社区、企业等节水主体精准发力，围绕"宣传节水理念、实践节水方法、倡导节水行为、推动节水创建"的核心精神，举办了 4 个主题共 8 场节水宣传和节水实践活动，引导各节水主体从旁观者变为参与者、实践者和受益者，提升了公众的实践动手能力。"绿水守护者"还邀请高校教师、行业工程师、环保社会组织代表等 19 人组成"节水宣讲专家团"，开发节水宣教课程、编制教材，走进社区和学校开设节水专题讲座。

四、以全民节水为目标，探索可持续用水新模式

作为厦门大学嘉庚学院"3060"双碳战略协同创新专家工作站的专家，陈彦君认为，基于"双碳"目标，探索节水、节能、减排、减碳的可持续用水模式，是应对城市水危机的重要措施。

2023 年 10 月，"绿水守护者"在政府有关部门的指导和中华环境保护基金会、厦门大学嘉庚学院的支持下，联合自然资源部第三海洋研究所等 16 家单位，共同发起

"应对水危机，推动可持续用水"全民节水护水减碳行动联合倡议活动，将节水文化、护水行动、湿地保护、节能减碳融入自然亲水教育中，宣传节水、节能、减排、减碳的重要性和实践途径。活动有关成果在网络平台播出后，总播放量达 45 万多次。

本节以上内容来源：
生态环境部：2024 年十佳公众参与案例 | 十年带动超过百万人守护绿水 [EB/OL].（2024-08-09）[2025-04-18]. https://baijiahao.baidu.com/s?id=1806904262266028047&wfr=spider&for=pc.

案例分析

生态环境志愿服务不仅是社会动员的重要形式，还是推动环境保护政策落地、提升公众生态意识的重要力量。"绿水守护者"自 2014 年成立以来，通过系统性的能力建设、深入的环境治理实践及持续的品牌塑造，成功探索出一条具有社会组织特色的环保公益之路。作为连接政府、社会、公众的桥梁，"绿水守护者"不仅成为政府环境治理的"民间助手"，也成为公众参与环保行动的"引路人"，在生态文明建设中发挥了不可替代的作用。

一、专业技术能力：构建专业化志愿者体系，提升行动力

志愿者的专业能力直接决定了生态环境志愿服务的深度和广度。"绿水守护者"深知，要推动环保项目的长期可持续发展，必须培养具备环境监测、政策研究、社会动员等能力的志愿者队伍。因此，该组织依托厦门大学嘉庚学院建立教学科研实习基地，长期为青年志愿者提供学习和实践机会。这一合作模式不仅为学生提供深入环境治理一线、积累实地调研经验的机会，还通过专业指导强化他们的数据分析、报告撰写和政策倡导能力，从而确保环保行动的科学性和实效性。

此外，"绿水守护者"在节水、节能等领域推出了一系列能力建设计划，如组织"节水宣讲专家团"、开发节水宣传课程、编制专业教材等。该体系不仅提升了志愿者的知识储备，还增强了他们向公众传播环保理念的能力，使他们在学校、社区、企业等场景中都能够精准传递可操作的节水护水方法，推动环保行动由点及面、持续扩散。科技型志愿者的培养，使环保项目不再停留于宣传层面，而是通过科学手段为环境治理提供专业支持，推动社会化环保行动实现转型升级。

二、社会动员能力：从水环境治理到社会动员的多维实践

"绿水守护者"的实践表明，单纯的污染治理不足以根本性改善生态环境，公众的广泛参与和社会共识的形成才是推动环境保护的长久动力。因此，该组织在项目实施中不仅关注水环境治理的技术手段，更注重公众动员和社会协同。

在九龙江流域污染治理过程中，"绿水守护者"持续开展调研，结合实地考察与数据分析，向政府提交了多份有价值的政策建议，为流域治理提供了科学依据。然而，"绿水守护者"并未止步于政策倡导，而是进一步挖掘公众参与的可能性。在新阳河流文化节等活动中，他们通过艺术展览、文化讲座、互动体验等形式将河流治理前后的变化生动呈现，使公众能够直观感受到生态改善带来的实际变化，从而提升其环保意识和行动意愿。这一模式突破了传统环保活动的单向宣传局限，通过文化赋能，让环保理念真正融入日常生活。

全民节水行动是一项推动公众实践的重要举措。传统节水措施往往停留在设施改造层面，而"绿水守护者"认识到，公众观念的改变才是节水工作的关键。通过社区宣讲、校园科普、企业节水倡议等方式，该组织构建起"全民节水行动网络"，使节水理念得以在不同社会群体间传播，并逐步转化为日常行为习惯。

三、项目建设能力：塑造公众信任的环保行动者形象

品牌建设在生态环境志愿服务中扮演着重要角色，不仅关系到组织的影响力，还影响着社会对环保行动的认知度和接受度。"绿水守护者"在项目建设方面，强调专业性、广泛性和可持续性，成功打造了一个具有公信力和社会影响力的项目品牌。

其项目建设首先体现在长期深耕环保项目上。从九龙江水污染调研到节水倡议，从黑臭水体治理到水文化推广，"绿水守护者"始终围绕水环境保护展开行动，逐步积累专业优势，并通过成果转化提升社会认知度。例如，在新阳河流文化节等活动中，"绿水守护者"不仅展现了环保成效，还通过创新的传播手段，如线上直播、社交媒体互动等，吸引了更大范围的公众关注，提升了品牌的影响力。2020年文化节的直播观看量超过108万人次，这一数据充分体现了环保品牌传播的可能性和价值。

此外，该组织通过跨界合作扩大品牌影响力，与政府、科研机构、社会企业等建立长期合作关系。在节水行动中，"绿水守护者"联合自然资源部第三海洋研究所等16家单位，共同发起"可持续用水"倡议，将节水、湿地保护、节能减碳等内容有机整合，推动环保理念在更广泛范围内落地生根。这一合作不仅提升了项目的社会认知度，也增强了"绿水守护者"作为环保行动者的品牌价值，使其逐步成为公众信赖的环保领域标杆品牌。

四、社会影响能力：推动环保行动走向长期化、制度化

"绿水守护者"的实践表明，生态环境志愿服务的社会价值不仅在于推动具体问题的解决，还在于形成长期可持续的社会影响。其在水环境治理、节水倡导、环保教育等方面的探索，为环境治理提供了可复制的经验，也推动了公众参与机制的制度化。

其一，"绿水守护者"通过政策研究与社会倡导，成功影响了多个环境政策的制定和执行。例如，在饮用水水源地整治、城市黑臭水体治理等项目中，该组织提供的调研数据和分析建议被政府采纳，并直接推动了多项环保举措的实施。其二，"绿水守护者"建立了系统化的公众参与机制，使环保行动由短期倡导转向长期社会实践。通过"全民节水行动网络"等平台，吸引不同主体持续参与，使节水护水理念深入日常生活，推动环保行动向规范化、常态化发展。其三，通过项目能力建设，"绿水守护者"培养了一批具有专业素养的环保志愿者，使环境保护的社会力量不断壮大。这些志愿者不仅在项目中发挥作用，还在未来的环保事业中持续贡献力量，形成了长期的社会效应。

"绿水守护者"的经验表明，生态环境志愿服务要想取得长远成效，必须在专业、社会动员和项目品牌能力建设等方面形成合力。通过专业化的志愿者培养体系推动公众广泛参与，并借助品牌影响力提升项目行动的社会认知度，才能真正实现生态环境志愿服务的制度化、规范化和可持续化。"绿水守护者"的探索将为更多生态环境志愿服务组织提供借鉴，也将推动生态文明建设迈向更高水平。

| 第四节 | 蚂蚁森林项目——指尖上的绿色奇迹 |

在数字化浪潮与生态危机交织的 21 世纪，蚂蚁森林项目以"双碳"目标为引领，探索出了一条全民参与的生态环境志愿服务的新路径。蚂蚁森林项目自 2016 年上线以来，以"互联网＋志愿服务＋公益"的创新模式，将 5.5 亿用户的指尖行动转化为荒漠中的绿洲、濒危物种的家园，创造了全球瞩目的"绿色奇迹"。截至 2024 年，该项目累计种植真树超 5.48 亿棵，覆盖荒漠化土地 580 万亩，吸引超 200 万志愿者参与，成为全球规模最大的公众环保行动之一。

一、项目需求与服务对象——破解传统环保困境

（一）需求背景：从"政府主导"到"全民共治"的转型

全球气候变化加剧的背景下，传统生态修复工程面临两大难题：一是资金依赖政府投入，可持续性不足；二是公众参与门槛高，难以形成规模效应。例如，内蒙古阿拉善盟曾连续 10 年投入数亿元治沙，但因缺乏社会力量参与，植被存活率长期低于60%。蚂蚁森林项目通过数字化手段，将"亿万人微行动"汇聚为"生态修复大工程"，精准回应了三大核心需求：

（1）降低参与门槛：将步行、线上浇水、爬楼梯等 80 余种日常行为转化为"绿色能量"，用户无须捐款即可参与种树。

（2）提升透明度：区块链技术记录每棵树的坐标、种植机构及后期养护信息，消除公众对公益项目"黑箱操作"的疑虑。

（3）激活社会资本：企业通过认领"公益林"履行社会责任，地方政府获得低成本生态治理方案，形成多方共赢。

（二）服务对象：构建"四方联动"的生态治理网络

（1）公众用户：以支付宝超 10 亿用户为基础，重点覆盖"90"后、"00"后群体（占比 65%），通过虚拟种树与实体落地激发年青一代的环保热情。例如，浙江大学校友通过"合种"功能累计支持种植华山松 10 万棵，形成"校友林"品牌。

（2）生态脆弱区：聚焦内蒙古阿拉善（荒漠化）、甘肃民勤（沙漠边缘）、云南云龙（生物多样性热点）等区域，因地制宜制订修复方案。2023 年，云南红树林修复项目吸引黑脸琵鹭等 20 余种濒危鸟类回归。

（3）地方政府与公益组织：中国绿化基金会、阿拉善 SEE 生态协会等机构负责项目落地，政府提供土地与政策支持。2024 年，内蒙古阿拉善盟与蚂蚁集团签订协议，3 年内完成 800 万株沙柳种植。

（4）企业与社会团体：300 余家企业通过认养"公益林"提升 ESG 形象，员工参与志愿植树活动增强凝聚力。

二、目标与内容——从"指尖"到"实体森林"的闭环设计

（一）核心目标：全民低碳行动与生态修复的双向赋能

（1）量化目标：10 年内支持种植 5 亿棵真树，培养 10 万生态环境志愿者，带动 5 亿用户养成低碳习惯。

（2）社会目标：探索"公众行为—企业捐资—政府协同—志愿服务"的可持续公益模式，为全球提供中国方案。

（二）内容框架："三位一体"的绿色行动体系

（1）用户端：低碳生活体验性。进行行为量化，如步行、公交出行、无纸办公等行为被实时转化为"绿色能量"，用户每日可收取 10 ~ 500g 能量不等。例如，每日步行 1 万步 =120g 能量，连续 30 天可兑换一棵梭梭树。进行虚拟社交激励，通过"能量排行榜""合种团队"等功能，用户可与好友竞赛或协作。数据显示，合种用户活跃度提升 40%，种树效率提高 30%。

（2）生态端：科学修复与长效管护。适地适树：阿拉善种植耐旱梭梭树，云南修复秋茄树红树林，甘肃民勤推广"梭梭 + 肉苁蓉"经济林。2024 年，民勤 500 户农户通过嫁接肉苁蓉实现年均增收 2 万元。技术赋能：无人机巡检、卫星遥感监测植被变化，区块链记录树木全生命周期。例如，甘肃"三北"希望林项目实现 100% 信息可追溯。

（3）志愿端：线上线下融合的公益服务。线上参与，用户通过"云监工"直播监督种植进度，或在小程序提交生态监测数据；线下行动，组织"春种计划""沙漠绿洲行动"等主题活动。2023 年甘肃民勤植树节，2000 名志愿者完成 5 万株苗木种植，同步带动线上 100 万人"云种树"。

三、步骤与方法——数字化全链条管理的创新实践

（一）实施步骤：四阶梯递进的科学流程

（1）需求评估与规划。联合中国科学院等机构评估生态脆弱区需求。例如，云南

云龙天池项目经 3 年调研，确定以恢复滇金丝猴迁徙廊道为目标，种植华山松 1400 亩。

（2）用户动员与能量转化。通过支付宝首页推送、公益广告、社交媒体话题（如"蚂蚁森林种树日记"）触达用户。2025 年山东大学的活动吸引 60% 师生每日收取能量。

（3）项目执行与志愿协作。企业捐资支持种植，公益组织招募志愿者。在内蒙古"草方格固沙"工程中，志愿者完成 5000 亩草方格铺设，配合灌木种植使存活率达 92%。

（4）验收与透明公示。第三方机构（如北京中林联林业规划设计院）审计项目指标，用户可查看树木生长动态。

（二）创新方法论：技术驱动与社会共创

（1）趣味化机制。引入"偷能量""合种证书"等设计，将生态环境活动转化为趣味社交行为。杭州西湖景区通过"情侣合种柳树"活动，吸引年轻人认养 1.2 万棵传统景观树。

（2）数字化治理。区块链确保数据不可篡改，卫星遥感生成年度生态报告。2024 年数据显示，蚂蚁森林项目年固碳量达 1200 万吨，相当于减少 500 万辆燃油车排放。

（3）多方协同网络。政府提供土地、企业捐资、公众参与、志愿者执行，形成闭环。菲律宾 2024 年引入该模式，在马尼拉湾种植红树林 2 万棵以治理海洋污染。

四、成效与影响——绿色革命的涟漪效应

（一）生态效益：从荒漠到绿洲的逆转

（1）土地修复：内蒙古阿拉善植被覆盖率从 2016 年的 5% 提升至 2024 年的 17%，沙尘暴频率下降 50%；

（2）生物多样性保护：云南云龙天池的滇金丝猴种群数量增长 15%，黑脸琵鹭在红树林修复区重现；

（3）碳汇贡献：累计固碳超 5000 万吨，相当于 1.5 个东北虎豹国家公园的森林碳储量。

（二）社会效益：全民低碳意识激发觉醒

（1）行为改变：超 7 亿用户养成每日收取能量的习惯，间接减少碳排放 3768 万吨；

（2）志愿文化：注册志愿者超 200 万，服务时长突破 500 万小时，"绿色先锋计划"

培养 3000 名社区环保领袖；

（3）经济增收：甘肃民勤"生态＋经济"模式带动农户增收，肉苁蓉产业年产值超 2 亿元。

（三）国际影响：中国方案的全球回响

（1）荣誉认可：荣获联合国"地球卫士奖"（2019），入选《生物多样性公约》经典案例，入选世界经济论坛"灯塔计划"。

（2）模式输出：菲律宾、肯尼亚等国引入"绿色能量"机制，全球 20 余个国家启动类似项目，海外用户突破 2000 万。

蚂蚁森林项目以"绿色指尖之力"撬动生态治理的"地球杠杆"，证明了数字时代公众参与的强大能量。从杭州西湖的柳浪闻莺到甘肃民勤的沙漠绿洲，从高校学子的合种热情到国际舞台的赞誉认可，这一"绿色奇迹"的本质是以技术创新激活人性向善之力，以社会共创重塑人与自然的关系。展望未来，随着海洋保护、城市森林等新领域的拓展，蚂蚁森林项目将持续书写生态文明的中国叙事，为人类命运共同体贡献东方智慧。

案例分析

蚂蚁森林项目作为全球首个将互联网平台、公众的生态环境志愿服务与实体生态修复深度绑定的创新实践，其成功不仅在于创造了 5.48 亿棵真实树木的生态奇迹，更在于重构了传统环保项目的底层逻辑。本案例从技术驱动、社会协同、制度创新三大维度进行了深入有价值的探索，对于生态环境志愿服务、全球生态治理等领域的创新发展，具有非常重要的启示。

一、技术驱动：数字化工具破解公益参与"三难"

传统生态环境项目长期面临"参与门槛高、效果不可见、信任度不足"的"三难"困惑。蚂蚁森林项目通过技术手段系统性破解这一难题，其创新路径可分解为以下三个层次。

（一）趣味化设计：将环保转化为"社交货币"

（1）低门槛激励机制：用户无须捐款或专业背景，仅需步行、公交出行等

日常行为即可积累"绿色能量",并通过"合种树""能量排行榜"等社交功能形成互动。例如,2023年浙江大学校友通过"合种"功能,累计支持华山松种植10万棵,校友林成为校园文化符号。

(2)即时反馈系统:用户每完成一次低碳行为,界面实时显示能量增长数值;树木种植后可通过卫星地图查看地理位置,形成"行为—数据—实体"的闭环反馈。数据显示,用户因可视化反馈产生的持续参与意愿提升47%。

(二)区块链技术:构建可信的公益透明体系

(1)全流程上链:从用户能量积累、企业资金流向到树木种植坐标、养护记录,所有数据均通过蚂蚁链存证。以甘肃民勤梭梭林为例,用户可追溯每棵树的种植机构(如中国绿化基金会)、经纬度坐标及2024年最新生长状态。

(2)信任成本革命:传统公益项目审计成本占总支出的15%～20%,而区块链技术使蚂蚁森林项目的透明度验证成本下降至3%以下,且公众可自主查验。

(三)数字孪生:实体生态的虚拟映射

(1)卫星遥感监测:联合中国科学院空天信息研究院,每季度生成植被覆盖度、固碳量等生态指标报告。例如,2024年数据显示,内蒙古阿拉善蚂蚁森林项目区域NDVI指数(归一化植被指数)较2016年提升0.21,相当于新增固碳量300万吨。

(2)AI预测模型:基于用户行为数据预测未来3年种植规模,辅助政府规划生态工程。2025年云南红树林修复计划即参考了蚂蚁森林项目用户增长趋势。

二、社会协同:构建"四方共赢"的生态治理共同体

蚂蚁森林项目打破了政府、企业、公众、公益组织的职能边界,形成全球最大规模的环保协同网络,其运作逻辑可概括为"资源置换—价值共享—责任共担"。

(一)公众:从旁观者到"云监工"的角色升级

(1)参与深度分层:普通用户通过积攒能量种树;核心用户(如"绿色先锋计划"成员)可参与线下植树、生态监测等专业服务。例如,上海志愿者团队通过小程序提交2000余份濒危植物分布数据,辅助云南生物多样性保护。

(2)情感联结创造:用户为树木命名(如"毕业纪念树""爱情树")、

认养专属林区，将生态环境行动转化为个人记忆载体。杭州西湖 1.2 万棵合种柳树中，37% 被用户赋予个性化名称。

（二）企业：ESG 战略的精准落地场景

（1）低成本履行社会责任：企业通过认养公益林（如"可口可乐雨林保护计划"）获得碳抵消额度，同时提升品牌绿色形象。据统计，参与企业员工生态环境低碳行为活跃度平均提升。

（2）产业链协同创新：蚂蚁森林项目模式延伸至供应链减碳领域。2024 年，蒙牛集团将牧场减排数据接入蚂蚁森林项目，消费者购买低碳牛奶可额外获得能量，形成"生产—消费—环保"的正向循环。

（三）政府：生态治理的"轻资产化"转型

（1）财政压力缓解：以甘肃民勤为例，政府通过蚂蚁森林项目引入社会资金 2.3 亿元，相当于该县年度生态预算的 4.6 倍。

（2）精准治理工具：用户低碳行为数据成为政策制定依据。2023 年北京市交通委参考蚂蚁森林步行量分布图，优化了 78 个地铁站的共享单车投放点位。

（四）公益组织：专业化能力与资源扩容

（1）规模化执行能力：中国绿化基金会借助蚂蚁森林平台，年度项目管理能力从 10 万亩提升至 80 万亩，且树木平均养护成本下降 18%。

（2）国际话语权提升：阿拉善 SEE 生态协会通过蚂蚁森林项目获得联合国开发计划署（UNDP）资金支持，将其荒漠化治理经验输出至非洲萨赫勒地区。

三、制度创新：重新定义环保公益的规则体系

蚂蚁森林项目在 8 年实践中，逐步构建了一套全新的环保公益"基础设施"，其制度创新体现在以下三个层面。

（一）量化标准体系：低碳行为的"度量衡革命"

（1）科学换算模型：建立"行为—能量—树木"的量化公式。例如：

步行 1 公里 =5g 能量

线上缴费 1 次 =20g 能量

电子发票 1 张 =5g 能量

该模型由清华大学循环经济研究院参与论证，确保换算合理性。

（2）动态调整机制：根据国家碳中和进程调整能量兑换规则。2025年起，高碳行业（如航空出行）的能量兑换系数下调30%，引导用户转向更为低碳的行为。

（二）志愿服务认证：公益贡献的数字化凭证

（1）"绿色账户"系统：用户志愿服务时长、种树数量等数据自动生成电子证书，并接入"志愿中国"国家级平台。杭州亚运会期间，2000名志愿者凭蚂蚁森林项目服务记录获得优先录用资格。

（2）碳积分交易试点：在深圳、成都等试点城市，用户可将能量兑换为区域碳普惠积分，用于兑换公交卡、景区门票等权益。

（三）风险控制机制：可持续发展的底线思维

（1）生态红线保护：通过GIS系统自动规避自然保护区、基本农田等敏感区域。2023年系统拦截了12个位于三江源保护区的错误种植申请。

（2）商业利益隔离：严格禁止在蚂蚁森林项目界面植入商业广告，用户能量仅能用于种树或公益项目支持，避免公益属性异化。

四、挑战与反思：模式创新的边界与进化方向

尽管蚂蚁森林项目取得显著成效，但其发展仍面临以下三重挑战。

（一）生态系统的复杂性管理

（1）生物链修复瓶颈：当前项目以植树为核心，但对土壤微生物、昆虫等生态基础层关注不足。云南云龙天池项目曾出现华山松大面积虫害，暴露出单一树种种植的生态风险。

（2）解决方案：2025年起引入"伴生树种自动匹配系统"，根据区域生态数据推荐混交林方案。

（二）用户参与深度的"天花板"

（1）行为转化局限：约70%用户停留在"收能量—种树"的浅层参与，仅有15%参与线下志愿服务。

（2）破局路径：推出"生态研究员"计划，用户可通过AI识别濒危植物、分析卫星图像获得专属称号，推动参与层级跃迁。

（三）全球化进程中的本土化适配

（1）文化认知差异：菲律宾项目初期因"能量偷取"功能引发纠纷，当地用户认为该设计鼓励"不劳而获"。

（2）本土化策略：在肯尼亚项目中将"能量"改为"阳光"，并与部落长老合作设计种植仪式，提升文化认同感。

五、全球启示：数字时代生态治理的范式转型

蚂蚁森林项目模式为全球生态文明建设提供了以下三重启示。

（一）"人的重新发现"

通过数字化工具激活个体价值，对比英国"国民信托"项目（依赖会员费与遗产捐赠），蚂蚁森林项目证明民众微小生态环境行为的聚合力量远超精英化公益模式。

（二）"连接大于拥有"

以平台思维整合分散资源，实现了范式突破。传统生态环境组织强调"控制力"（如WWF自主管理保护区），而蚂蚁森林项目通过连接10亿用户、300家企业、50个公益组织，创造了更轻量、更敏捷的生态环境治理架构。

（三）"可扩展的正义"

让生态环境的福祉跨越地域与代际，实现公平性创新。例如，上海用户积累的能量可转化为内蒙古的绿洲，城市碳排放大户通过支持乡村植树实现生态补偿，这种"跨时空正义"机制为《巴黎协定》下的碳交易体系提供新思路。

蚂蚁森林项目的实践证明，当技术创新与人性向善之力结合，指尖上的微小行动足以重塑地球生态。其价值不仅在于种下5亿棵树，更在于构建了一套数字时代的生态文明操作系统——通过量化个体价值、重构协作规则、激活全球网络，让"人人可参与的绿色未来"从愿景走向现实。这一中国方案正在改写人类应对生态危机的剧本，而其进化方向或将定义下一个十年的全球可持续发展图景。

第五节 ▶ 生态环境志愿服务助力美丽内蒙古建设

　　近年来，内蒙古自治区深入贯彻习近平生态文明思想，按照党中央、国务院关于志愿服务总体部署和生态环境部相关工作要求，立足构建美丽中国建设全民行动体系，紧紧围绕人民群众对优美生态环境的需要，认真谋划、扎实推进新时代生态环境志愿服务工作，取得了显著效果。

一、生态环境志愿服务顶层设计日益完善

　　一是制度建设不断健全。成立新时代文明实践生态环境服务队联盟领导小组，制定印发《"美丽中国，我是行动者"提升公民生态文明意识行动计划内蒙古自治区实

施方案》《关于在全区组建新时代生态环境建设志愿服务队伍实施方案》《内蒙古自治区生态环境厅包联挂点乌审旗新时代文明实践中心建设工作安排》《全面推进内蒙古自治区生态环境志愿服务工作的实施意见》等指导性文件，将"推进生态环境志愿服务工作""加大对环保社会组织的引导培育力度"等列入每年全区《生态环境工作要点》和《生态环境宣传教育工作要点》，指导推动生态环境志愿服务规范有序开展。

二是队伍建设持续加强。高度重视生态环境志愿服务对于构建生态环境治理全民行动体系的示范带动作用，紧密依托生态环境系统干部职工，广泛发动社会力量，相继成立自治区、盟市、旗县（市、区）和环保社会组织（环保企业）四级新时代生态环境志愿服务队伍152支，吸纳志愿者3.1万余人。认真履行业务主管单位及行业管理部门职责，积极引导社会组织依法依规依章程登记注册、按期完成换届。定期调度各级志愿服务队伍工作开展情况，科学指导全区生态环境志愿服务工作扎实深入开展。

三是服务保障水平稳步提升。联合自治区内高校、科研院所专家学者，组建新时代文明实践生态环境志愿讲师团，连续5年举办全区自然教育师资培训和新时代文明实践志愿服务培训班，不断提升各级志愿服务队伍理论水平和业务能力，全力支撑推动各级志愿服务高水平开展。紧密结合新时代文明实践挂点包联工作任务，持续对乌审旗生态环境志愿服务进行实地调研和有针对性指导，着力推动当地志愿服务高水平开展。积极为各级各类环保社会组织提供政策服务和资金支持，连续3年组织开展环保公益项目征集资助活动，累计资助环保社会组织30家。

二、生态环境志愿服务质效不断巩固提升

一是以铸牢中华民族共同体意识为主线、回应群众关切为出发点的生态环境志愿服务活动广泛开展。坚持为群众办实事，关爱特殊困难群体，持续开展"温暖与爱同行——'我是党员我帮你'"志愿服务活动。疫情防控期间，组织党员志愿者深入一线，协助开展疫情防控工作，引导相关企业公益处置危险废弃物近30吨。指导各级各类环保社会组织围绕低碳出行、生物多样性保护、湿地保护、保护母亲河、乡村振兴、垃圾分类、秸秆禁烧、文明祭祀等与群众生产生活息息相关的主题，通过绿色文明实践、主题宣讲、专家讲座、慰问走访等形式开展丰富多彩的志愿服务活动，仅2023年线上线下参与人数达30余万人，发放宣传资料61900余份。

二是以政府为主导、多元主体共同参与的生态环境志愿服务组织模式逐渐形成。紧紧把握六五环境日、国际生物多样性日等重要时间节点，积极联合教育、自然资源、

团委等部门走进家庭、社区、大中小学校，持续开展"小手拉大手，人与自然共和谐""美丽中国，我是行动者"校园宣讲、青春助力"美丽内蒙古"生态文明实践行动、"大学生在行动"、"百场生态环境普法志愿宣讲"等系列活动。发挥不同志愿服务组织优势特长、区分不同受众群体，有针对性地组织开展送法送技入企、环保科普进校园、社区生活垃圾分类、农村面源污染防治等志愿服务活动，精准对接群众需求，增强活动实效和吸引力，提高志愿服务针对性和质效。各盟市、旗县（市、区）因地制宜，积极探索适宜当地的志愿服务运行模式。特别是鄂尔多斯市乌审旗积极探索建立由党政"一把手"牵头的志愿服务队伍体系，按照"月月有活动、人人都参与"的原则，定期面向社会发布志愿服务计划，形成了全旗上下联动、全域覆盖、高效运转的志愿者服务机制。

三是以现有基础公共服务平台资源为主阵地的生态环境志愿服务场所持续拓展。全区累计创建自治区级生态文明（环境）教育基地 51 家，自然学校 14 家，青少年生态文明实践教育基地 106 家，列入生态环境部全国环保设施向公众开放单位 55 家。各单位依托独特的资源优势，努力打造一系列独具特色、精彩纷呈的志愿服务活动，2022 年以来，全区生态文明（环境）教育基地和自然学校累计接待 / 服务人次超 260 万，环保设施向公众开放单位举办线上线下开放活动 650 余次、参与人次超 100 万，青少年生态文明实践教育基地开展宣讲活动近 3000 场。

四是以新时代文明实践为依托的特色生态环境志愿服务品牌打造成效初显。"十四五"时期以来，全区各地相继打造了"绿色内蒙古·生态北疆行"、"草原垃圾减量"、青春助力"一湖两海"、"十百千万"生态环保公益宣教工程、"萨茹拉绿色伙伴计划联合清洁行动"等志愿服务品牌。特别是乌审旗打造了"12369"（1 个主题；2 个举报热线；3 支志愿服务组；6 项保障措施；9 大环保志愿服务项目）环保志愿服务品牌，围绕环保设施向公众开放、法律咨询、"青环保·青公益""小脚丫·大脚印""做绿水青山守护者"等主题，号召社会公众参与各类生态环境志愿服务活动 207 次，推出生态环境文创产品 18 个，形成了独具地方特色的生态环境志愿服务品牌。

三、生态环境志愿服务正向溢出效应日益凸显

一是社会公众参与度持续提高。自四级新时代生态环境志愿服务队伍成立以来，共吸纳固定志愿者 9700 余名，围绕"我为群众办实事"、环境污染防治、守护森林草原、倡导节俭生活、监督禁食野味、建设美丽中国等主题，开展生态环境志愿服务活

动 2600 余次，累计参与人数达 2.57 万人次，越来越多的社会公众通过担任环保讲解员、制作环保宣传品、发起绿色倡议、组织体验活动等方式，参与到生态环境志愿服务工作中来，共同营造了人人、事事、时时崇尚生态文明的浓厚氛围。

二是先进人物典型事迹不断涌现。自生态环境部开展"'美丽中国，我是行动者'提升公民生态文明意识行动计划"先进典型推选以来，内蒙古自治区先后有 17 名志愿者被评为百名最美生态环保志愿者。2023 年，内蒙古自治区积极组织引导符合全国生态环境志愿服务网络成员单位申报条件的组织机构开展申报，共有 8 家单位申报成功。作为生态环境志愿服务典型代表，内蒙古自治区生态环境厅先后在 2022 年六五环境日主场活动、全国生态环境宣传教育业务培训班上就相关工作进行典型发言交流，志愿服务典型事迹被《中国志愿》《中国环境报》等期刊广泛宣传报道。

三是生态环境保护成效日益明显。内蒙古自治区生态环境厅立足协助打响"北疆楷模·绿色乌审"品牌，助力乌审旗全面开展"新时代文明实践林"治沙绿化志愿服务，首期 3000 亩已全部完成。指导阿拉善腾格里沙漠锁边生态公益（种树植心实践教育）基地摸索开展环境教育和志愿者参与活动，提炼出"种树植心"生态文明建设核心理念，现已建成南接腰坝滩井灌区、北邻格林滩井灌区近 30 平方公里的锁边生态核心示范区，种植乔灌木近 1000 万株，产生了巨大的生态效益和社会效益。

案例分析

近年来，内蒙古自治区积极响应国家生态文明建设号召，深入贯彻习近平生态文明思想，围绕人民群众对优美生态环境的需要，认真谋划、扎实推进新时代生态环境志愿服务工作。通过加强组织领导、促进队伍建设与创新、立足群众需求提升服务质效以及推动常态化服务等措施，内蒙古生态环境志愿服务工作逐渐走向系统化、规范化，吸引了越来越多的社会力量参与其中。内蒙古生态环境志愿服务实践，不仅在队伍建设方面进行了有益探索，也为各地区深化和拓展相关工作提供了宝贵经验。

一、政策引领生态环境志愿服务有序发展

内蒙古自治区生态环境志愿服务工作在顶层设计和政策引导下，深入贯彻

习近平生态文明思想，出台一系列地方性政策，为志愿服务的开展提供了有力的政策支持和具体的实施路径，确保工作高效有序推进。例如，《"美丽中国，我是行动者"提升公民生态文明意识行动计划内蒙古自治区实施方案》明确提出具体目标、任务和责任分工，确保各项志愿服务工作措施具体、可执行、可考核。同时，通过定期举办2024年全区新时达生态环境志愿服务培训班等活动，有效提升了志愿者的能力与素质，进一步强化了政策执行的实际效果。

此外，通过政策引导，生态环境志愿服务逐步形成了政府引导、社会组织参与、企业支持的多元合作模式，不仅促进了服务规模的扩大，还实现了跨区域、跨领域的服务联动，产生了显著的协同效应。

二、生态环境志愿服务队伍建设与创新

内蒙古自治区生态环境志愿服务工作的另一个显著特点，是其多层次、全覆盖的志愿服务队伍建设。通过构建自治区、盟市、旗县（市、区）和环保社会组织四级生态环境志愿服务体系，内蒙古形成了覆盖全区的志愿服务网络。目前，自治区已成功组建了152支生态环境志愿服务队伍，队伍成员超过3.1万名，且志愿者的覆盖面和参与度在不断提升。

以鄂尔多斯市乌审旗为例，依托党政"一把手"牵头的机制，创新性地提出了"月月有活动、人人参与"的志愿服务模式。这种模式通过党政引领和群众积极参与的双重动力，极大地调动了当地社区居民参与环保的积极性，并且通过定期开展志愿服务活动，强化了生态环境保护在民众生活中的影响力。这样一来，内蒙古不仅有效提升了生态环境保护的社会参与度，还拓展了服务覆盖面，深化了服务内涵，逐步形成良性循环。同时，通过评选表彰先进典型、搭建志愿服务交流平台等方式，激发了志愿者参与生态保护工作的积极性，增强了服务的社会认同感。

三、生态环境志愿服务广泛开展与深入推进

内蒙古自治区的生态环境志愿服务，突出系统化规划与持续性推进，已形成广泛的社会影响力。这些志愿行动并非停留于一次性环保活动，而是依托长期项

目运营、深入宣传教育和有效公众动员，持续提升全社会的环保意识。

如"草原垃圾减量""青春助力一湖两海保护计划""十百千万生态环保公益宣教工程"等项目，通过环保宣教、生态治理实践与志愿服务体验相结合的方式，广泛调动公众参与生态环境保护，累计参与人数达数十万人次。与此同时，自治区不断推进志愿服务进校园、进社区、进企业、进农村牧区，结合环保知识宣传、绿色生活推广、志愿服务及生态文化活动，推动环保理念融入群众生产生活各环节，显著增强生态文明意识。

四、注重品牌建设与社会影响

内蒙古自治区高度重视生态环境志愿服务品牌建设，通过培育推广一系列具有显著社会效应的品牌项目，树立了区域生态保护典范。例如，"绿色内蒙古·生态北疆行"和"萨茹拉绿色伙伴计划"等品牌项目，通过规范化运作和大规模宣传，成功提升了公众对生态文明建设的关注与参与热情。

特别是乌审旗打造的"12369"环保志愿服务品牌，明确提出"1个主题、2个举报热线、3支专业志愿服务队伍、6项保障措施、9个具体志愿服务项目"，形成了结构清晰、运作规范、成效显著的地方特色服务体系，示范带动效应明显，推动了全区生态环境志愿服务的整体提升。

五、志愿服务影响力的持续扩大

内蒙古自治区生态环境志愿服务的成功，离不开大量志愿者的无私奉献和社会各界的积极参与。随着志愿服务的深入开展，越来越多的社会公众参与到志愿服务中，且不局限于固定的志愿者队伍。这一转变，标志着志愿服务在内蒙古自治区已由局部性行动发展为全社会广泛参与的良好局面。

特别是一些典型的环保志愿者，他们的事迹通过媒体的报道得到了广泛传播，激励了更多人参与到环保行动中。全国十佳生态环境志愿者乌力吉德力格就是其中的一个典范。他和家人一起在艰苦的条件下坚持了50年，将荒沙变绿，创造了惊人的生态奇迹。通过这些榜样的力量，志愿服务的社会影响力和动员能力进一步增强，为绿色发展提供了持续而强劲的社会动能。

六、经验启示

（一）加强组织领导是关键

内蒙古自治区的生态环境志愿服务工作之所以能够取得显著成效，关键在于组织领导的有力保障。通过制定指导性文件、成立专门机构等措施，确保了志愿服务工作的规范有序开展。同时，各级政府和相关部门也积极参与其中，形成了齐抓共管的良好局面。

（二）注重队伍建设是基础

志愿服务队伍是开展志愿服务工作的基础。内蒙古自治区在志愿服务队伍建设方面下足功夫，广泛发动社会力量，强化培训与管理，打造了一支高素质、专业化的志愿服务队伍，为志愿服务工作的深入开展提供了有力保障。

（三）从群众需求出发是核心

内蒙古自治区生态环境志愿服务工作始终坚持以群众需求为出发点和落脚点，广泛开展与群众生产生活息息相关的志愿服务活动，精准对接群众需求，不断提升志愿服务工作的针对性和实效性，为志愿服务工作的深入开展赢得了广泛的支持与认可。

（四）创新服务模式是动力

在志愿服务工作中，内蒙古自治区注重创新服务模式与方法，打造特色志愿服务品牌，开展线上线下相结合的活动，不断丰富志愿服务工作的内涵与外延，为志愿服务工作的深入开展注入了新的动力和活力。

综上所述，内蒙古自治区生态环境志愿服务工作取得了显著成效。通过强化组织领导、夯实队伍建设、精准对接群众需求、创新服务模式，持续推动志愿服务工作深入开展，形成了可复制、可推广的经验做法，为其他地区开展生态环境志愿服务提供了有力参考和示范引领。

后记

　　生态环境志愿服务是推进美丽中国建设进程、推动公众参与生态环境保护的重要方式和有效路径。为了构建新时代生态环境志愿服务体系，推动生态环境志愿服务高质量发展，2025年1月，生态环境部办公厅和中共中央社会工作部办公厅联合印发《"美丽中国，志愿有我"生态环境志愿服务实施方案（2025—2027年）》。

　　面对新形势、开启新征程，《生态环境志愿服务导论》一书邀请了内蒙古师范大学、生态环境部宣传教育中心、内蒙古自治区生态环境宣传教育中心、郑州师范学院等单位的专家学者组建了编写团队，在认真研究分析大量生态环境志愿服务建设资料的基础上，系统梳理了生态环境志愿服务的理论根基与发展脉络，聚焦于生态环境志愿服务的独特内涵与功能，详细分析了其定义、特征、实践范畴及面临的挑战，旨在通过系统的理论阐述和丰富的实践案例，为政府部门、志愿服务组织、高校社团、广大志愿者及热心民众参与生态环境志愿服务，推动生态环境志愿服务事业高质量发展，提供有力的理论支持和实践指导。

全书由魏智勇负责总体设计、确定框架、统稿和定稿，韩艳丽负责审稿、组织调研，参加本书各章节研究编写的学者主要为：第一章：王雪；第二章：王雪；第三章：魏智勇、于现荣；第四章：侯小娟；第五章：魏智勇、李孜；第六章：乌尔汗；第七章：乌尔汗；第八章：魏智勇、韩艳丽；第九章：苏日格嘎、魏智勇。

本书在编写过程中，得到了生态环境部宣传教育中心的大力支持；内蒙古自治区生态环境宣传教育中心在本书的编写过程中给予了诸多帮助，提出了许多中肯的建议；中国环境出版集团宾银平女士为本书的编辑出版付出了辛勤劳动，在此一并表示感谢！

在本书付梓之际，诚惶诚恐，因学识、精力所限，书中肯定还存在疏漏和不足，敬请各位专家学者批评、指正，谨此拜谢！

魏智勇

2025 年 5 月 20 日

中国环境出版集团

官方正版

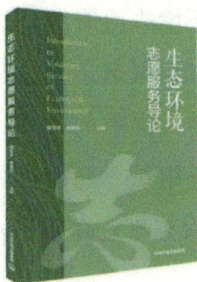

生态环境志愿服务导论

生态环境志愿服务导论
¥98

宾银平-环境出版社
中国大陆

扫一扫上面的二维码图案，加我为朋友。

有意向购买本书的读者，可直接扫描左侧小程序码购买，书中如有差错可与本书责任编辑宾银平（010-67113412）联系。